D1666786

**Klimaneutral**
Verlag
ClimatePartner.com/53585-1805-1001

*Selbstverpflichtung zum nachhaltigen Publizieren*
Nicht nur publizistisch, sondern auch als Unternehmen setzt sich
der oekom verlag konsequent für Nachhaltigkeit ein. Bei Ausstattung
und Produktion der Publikationen orientieren wir uns an höchsten
ökologischen Kriterien. Dieses Buch wurde auf 100 Prozent Recyclingpapier,
zertifiziert mit dem FSC®-Siegel und dem Blauen Engel (RAL-UZ 14),
gedruckt. Auch für den Karton des Umschlags wurde ein Papier
aus 100 Prozent Recyclingmaterial, das FSC®-ausgezeichnet ist, gewählt.
Alle durch diese Publikation verursachten $CO_2$-Emissionen werden
durch Investitionen in ein Goldstandardprojekt kompensiert.
Die Mehrkosten hierfür trägt der Verlag. Mehr Informationen finden Sie unter:
http://www.oekom.de/allgemeine-verlagsinformationen/nachhaltiger-verlag.html.

Bibliografische Information der Deutschen Nationalbibliothek:
Die Deutsche Nationalbibliothek verzeichnet diese Publikation
in der Deutschen Nationalbibliografie; detaillierte bibliografische
Daten sind im Internet über http://dnb.d-nb.de abrufbar.

© 2018 oekom verlag München
Gesellschaft für ökologische Kommunikation mbH
Waltherstraße 29, 80337 München

Layout und Satz: Markus Miller, München
Korrektorat: Petra Kienle, Fürstenfeldbruck
Umschlagabbildung: © efetova – Fotolia.com
Umschlaggestaltung: Elisabeth Fürnstein, oekom verlag

Druck: CPI Books GmbH, Leck

ISBN 978-3-96238-093-9

RECYCLED
Papier aus
Recyclingmaterial
FSC® C083411

Nico Lüdtke, Anna Henkel (Hrsg.)

# Das Wissen der Nachhaltigkeit

*Herausforderungen zwischen Forschung und Beratung*

2019: 12828

94

17.10.2019 / € 26,80

# Inhalt

**Einleitung**                                                                7
Nico Lüdtke, Anna Henkel

**Erfordernisse der Transformationsforschung am Beispiel
der Energiewende**                                                           17
Ortwin Renn

**Energiewissen, Wissenspolitik und Energietransformationen**               39
Thomas Pfister

**Expertise im Nexus. Von der Verwendungs- zur Vernetzungsforschung**        63
Juliane Haus, Rebecca-Lea Korinek, Holger Straßheim

**Relevanzbeurteilungen in der Nachhaltigkeitsforschung.
Von Experteneinschätzungen, Bauchgefühl und Urteilskraft**                  89
Armin Grunwald

**Wissen auf die Straße – ko-kreative Verkehrspolitik jenseits
der »Knowledge-Action-Gap«**                                               107
Dirk von Schneidemesser, Jeremias Herberg, Dorota Stasiak

**Transdisziplinarität und Projektmanagement.
Zur Organisation von Wissensprozessen im Nachhaltigkeitsbereich**          129
Nico Lüdtke

**Dilemmata der Nachhaltigkeit zwischen Evaluation und Reflexion.
Begründete Kriterien und Leitlinien für Nachhaltigkeitswissen**            147
Anna Henkel, Matthias Bergmann, Nicole Karafyllis, Bernd Siebenhüner,
Karsten Speck

**Nachhaltiges Publizieren. Zu den Grenzen des
wissenschaftlichen Wachstums**                                             173
Martina Franzen

**Zwischen Hoffnung und Skepsis. Perspektiven einer
»nachhaltigen« Wirtschaft**                                                203
Thomas Melde

# Einleitung

## Nico Lüdtke, Anna Henkel

Nachhaltigkeit und Wissen sind auf Engste verknüpft. Offensichtlich wird dies bereits anhand der vielfältigen Problemdiagnosen, sind diese doch in einem wesentlichen Ausmaß wissensbasiert. So wären öffentliche Diskurse über gesellschaftliche Krisen, ökologische Risiken oder anthropogene Klimabeeinflussung ohne beispielsweise wissenschaftliche Berechnungen und Modellierungen kaum denkbar. Die zentrale Stellung von Wissen mit Bezug auf Nachhaltigkeit zeigt sich auch an jeweils erwogenen Problemlösungsstrategien, nicht zuletzt weil diese Strategien vielfach im Zusammenhang mit technischen und ökonomischen sowie sozialen Innovationen gesehen werden. Gleichzeitig bedeutet mehr Wissen über nachhaltigkeitsrelevante Fragen nicht automatisch mehr Nachhaltigkeit. Gewöhnlich ist es nicht allein ein Mangel an Faktenwissen, der die Umsetzung von Nachhaltigkeitszielen in politisch-administrativen Entscheidungs- und Implementierungszusammenhängen, in Unternehmenskontexten oder in transdisziplinären Projekten mitunter schwierig macht. Auch ist die zentrale Schwierigkeit in der Regel nicht allein die Herstellung neuen Wissens. Die Herausforderungen liegen vielmehr vor allem in der Vermittlung und Zusammenführung unterschiedlicher Wissensformen aus einer Vielzahl wissenschaftlicher, professioneller und gesellschaftlicher Bereiche – und damit zugleich in der angemessenen und ausgewogenen Einbindung relevanter Wissensträger. Gerade hinsichtlich der Anwendung bzw. Umsetzung nachhaltigkeitsorientierter Konzepte ist oftmals in erster Linie entscheidend, welche Wissensansprüche Gültigkeit, Akzeptanz und Legitimität beanspruchen können.

Vor diesem Hintergrund beleuchten die in diesem Band zusammengestellten Beiträge die Herausforderungen des praktischen Umgangs mit Nachhaltigkeit, der in vielen Bereichen durch die Beschäftigung mit Wissen geprägt ist – ob in der Umwelt- und Nachhaltigkeitspolitik, an öffentlichen oder privaten Forschungseinrichtungen, in Unternehmen, bei politischen Entscheidungsträgern oder in der öffentlichen Verwaltung. Der Fokus liegt hierbei auf den Bereichen der Forschung und Beratung. Im Rahmen nachhaltigkeitsorientierter Wissensprozesse nehmen Akteure aus diesen Bereichen eine Schlüsselstellung ein, weil sie zwischen den verschiedenen Bereichen in Wissenschaft, Politik und Wirtschaft sowie zivilgesellschaftlicher Öffentlichkeit agieren und vermitteln. Geleitet ist die Betrachtung der dabei entstehenden Herausforderungen durch die Unterscheidung zwischen Wissensintegration und Wissenstransfer, mit Hilfe derer sich zwei unterschiedliche Problemfelder kennzeichnen lassen.

Auf der Ebene der *Wissensintegration* liegt eine zentrale Herausforderung in der angemessenen Berücksichtigung von relevanten Wissensformen und Wissensträgern. Dies beinhaltet zum einen die Zusammenführung der Vielfalt wissenschaftlichen und vor allem auch nichtwissenschaftlichen Wissens, nebst Fragen zur Vereinbarkeit dieser unterschiedlichen Wissensarten. Zum anderen besteht in Wissensprozessen das Problem, zwischen unterschiedlichen Positionen und Perspektiven zu vermitteln und einen bestmöglichen Ausgleich unterschiedlicher Interessen, Ziele und Ansprüche zu erreichen. Grundsätzlich schwierig bleiben solche Integrationsbemühungen, welche tiefliegende Inkompatibilitäten sowie Interessen- und Zielkonflikte aufweisen.

Auf der Ebene des *Wissenstransfers* ergeben sich Herausforderungen vor allem daraus, dass Wissen nicht einfach von einem in einen anderen Gesellschaftsbereich übertragen werden kann, ohne die Eigenlogiken der unterschiedlichen Felder angemessen zu berücksichtigen. Hierbei ist nicht nur die Übersetzung von Begriffen und Bedeutungskontexten grundsätzlich problematisch. Eine Schwierigkeit kann sich weiter daraus ergeben, dass Wissen in verschiedenen Gesellschaftsbereichen mit unterschiedlichen Ansprüchen verbunden ist. Während es etwa in der Wissenschaft grundsätzlich anerkannt ist, dass Wissen einer permanenten Überprüfung ausgesetzt ist und dadurch tendenziell unsicher bleibt, ist man in der Politik auf Wissen angewiesen, das für die Entscheidungsfindung in einer bestimmten Frage mit einem engen Zeithorizont geeignet ist. In Unternehmen wiederum verändert sich der Charakter von Wissen, weil es anders als in der wissenschaftlichen Forschung einem starken Verwertungsdruck ausgesetzt ist.

Im Spektrum zwischen nachhaltigkeitsorientierter Forschung und Beratung angesiedelte Aktivitäten sind in unterschiedlichem Maße mit den Anforderungen und Schwierigkeiten auf den beiden Ebenen der Wissensintegration und des Wissenstransfers konfrontiert. Eine detaillierte Betrachtung der komplexen Aufgaben der Wissensintegration und des Wissenstransfers – dies zeigen die einzelnen Beiträge – bietet wichtige Einsichten in die Abläufe und Hemmnisse innerhalb von Wissensprozessen verschiedener nachhaltigkeitsrelevanter Bereiche. Die Beiträge fokussieren Fragestellungen der Wissensintegration und des Wissenstransfers bezüglich unterschiedlicher gesellschaftlicher Handlungsfelder – von den gesellschaftlichen Bereichen der Politik und Wissenschaft über Projekte und Unternehmen bis hin zur Reflektion auf den Nachhaltigkeitsdiskurs selbst. Die praktischen und epistemischen Herausforderungen des »Wissens der Nachhaltigkeit« entfalten sich so in der Zusammenschau unterschiedlicher Perspektiven.

Mit einem Fokus auf das politische Feld stellt *Ortwin Renn* in seinem Beitrag »*Erfordernisse der Transformationsforschung am Beispiel der Energiewende*« dar, dass die Erreichung der Klimaschutzziele in Deutschland eine umfassende Transformation des Energiesystems erforderlich macht, bei der nicht nur Versorgungssicherheit, Wirtschaftlichkeit und Umweltverträglichkeit im Zentrum stehen, sondern ebenso, dass die Veränderungen als gerecht und sozialverträglich akzeptiert werden. Die Umsetzung der Energiewende erfordere einerseits die Integration unterschiedlicher Wissensformen und interdisziplinärer Expertise sowie andererseits transdisziplinäre Strategien der Übertragung dieser Wissensformen in praktisches Handlungswissen. Hierzu diskutiert Renn die Voraussetzungen und Kriterien einer integrativen und transdisziplinären

Transformationsforschung. Diese müsse sowohl Wissen über die komplexen technischen, organisatorischen und institutionellen Veränderungen im Energiesystem bereitstellen als auch dieses Wissen durch angemessene neue Formen der Politikberatung wirksam bei der Umsetzung der Energiewende einbringen.

Ebenfalls die Herausforderungen eines Umbaus von Energiesystemen im Feld des Politischen thematisiert *Thomas Pfister* in seinem Beitrag »*Energiewissen, Wissenspolitik und Energietransformationen*«. Pfister betont, dass Energiesysteme nicht nur komplexe Zusammenhänge verschiedener Energieträger, technischer, wirtschaftlicher und institutioneller Infrastrukturen bis hin zu einer Vielzahl professioneller Akteure sowie Verbraucher darstellen, sondern darüber hinaus immer in umfassendere Wissensordnungen eingefasst sind, die sich als Energy Epistemics bzw. Energiewissen fassen lassen. Der Beitrag stellt dar, dass die Transformation und nachhaltige Gestaltung von Energiesystemen nicht ohne Interventionen der Wissensbasis realisiert werden können. Der Umbau bestehender Systeme sei ohne eine Veränderung der übergreifenden Ordnung an Werten, Aufgaben und Zielen weder plan- und verhandelbar, noch könne er legitimiert werden. Anhand von drei verschiedenen Konzeptionen nachhaltiger Energie wird aufgezeigt, dass die unterschiedlichen Vorstellungen mit divergierenden und auch konfligierenden Zielsetzungen, Wertvorstellungen oder Lösungswegen verbunden sind, um im nächsten Schritt danach zu fragen, welche Konsequenzen sich aus der Vielschichtigkeit und Strittigkeit solcher Konzepte hinsichtlich politischer Aushandlungen und Umsetzungen ergeben.

*Juliane Haus, Rebecca-Lea Korinek und Holger Straßheim* beschäftigen sich in »*Expertise im Nexus. Von der Verwendungs- zur Vernetzungsforschung*« mit den Veränderungen der Bedeutung von Beratungswissen und Expertise angesichts eines umfassenden Wandels der Beziehungsstrukturen zwischen Politik, Wissenschaft, Wirtschaft und Zivilgesellschaft. Während ältere Ansätze der Verwendungsforschung von einem linearen Modell der Rationalisierung politischer Praxis durch Beratungswissen infolge der epistemischen Überlegenheit wissenschaftlicher Autorität ausgingen, müssten die gegenwärtigen Wandlungen der gesellschaftlichen Einbettung von Expertise auch eine Veränderung des konzeptionellen und analytischen Blickwinkels auf Beratungsbeziehungen nach sich ziehen. Ausgehend von diesem Argument schlägt der Beitrag die Perspektive der Vernetzungsforschung vor. Sie ermögliche es, die Abgrenzungs- und Validierungspraktiken innerhalb komplexer und dynamischer Interaktions- und Kommunikationszusammenhänge systematisch zu erfassen. Insbesondere in klima-, umwelt-, energie-, verkehrs- und verbraucherpolitischen Bereichen sei die Vernetzungsperspektive erforderlich, um nachvollziehen zu können, warum ein bestimmtes Beratungs- und Expertenwissen für bedeutsam gehalten wird und wer auf welche Weise an Entscheidungen darüber beteiligt wird, welche Expertise Geltung beanspruchen kann.

Während die ersten drei Beiträge stärker auf Aspekte der Wissensintegration fokussieren und dabei das Politische sowie dessen Beziehungen zu anderen gesellschaftlichen Bereichen in den Blick nehmen, steht der Wissenstransfer im Zentrum der folgenden Beiträge. Die Frage der Abgrenzung dessen, was als relevant erachtet wird, ist Kern des Beitrags »*Relevanzbeurteilungen in der Nachhaltigkeitsforschung. Von Experteneinschätzungen, Bauchgefühl und Urteilskraft*« von *Armin Grunwald*, der vor allem den Bereich der Wissenschaft fokussiert. Während die Abgrenzungsproblematik sich generell in allen Wissenschaftsdisziplinen stelle, trete deren Bedeutung im Bereich der inter- und transdisziplinären Nachhaltigkeitsforschung besonders hervor, weil sich hier Festlegungen über Forschungsdesigns und -verfahren weniger an Konventionen und klaren Regeln orientieren können. In Projekten mit Nachhaltigkeitsbezug sind Entscheidungen über den Einbezug von Wissen und Expertise, die Beteiligung bestimmter Akteure, die Festlegungen des Untersuchungsrahmens und vieles andere mehr notwendige, aber gleichzeitig kontingente Festlegungen, die nicht selten kontrovers verhandelt werden, wie Grundwald am Beispiel der Ökobilanzierung aufzeigt. Der Beitrag legt dar, dass Relevanzeinschätzungen nicht nur maßgebliche Auswirkungen auf die Wissensproduktion haben, sondern dass die Wissensproduktion selbst Unsicherheiten und Risiken birgt, da weder vorab definierte Festlegungen noch objektivierende Verfahren die Interpretationsbedürftigkeit solcher Einschätzungen aus der Welt schaffen.

Von den eher gesellschaftlichen Bereichen der Politik und der Wissenschaft wechselt der Beitrag von *Dirk von Schneidemesser, Jeremias Herberg und Dorota Stasiak* zu einem Fokus auf die Projektförmigkeit des Wissens der Nachhaltigkeit. Sie nehmen den Aspekt des Wissenstransfers in ihrem Beitrag »*Wissen auf die Straße – ko-kreative Verkehrspolitik jenseits der ‚Knowledge-Action-Gap‘*« ausgehend von der Frage in den Blick, wie ein bestimmtes Wissen über Nachhaltigkeitsthemen in konkrete nachhaltigkeitspolitische Handlungsergebnisse überführt werden kann. Hierzu wird die These aufgeworfen, dass weniger die Betrachtung der Kluft zwischen wissenschaftlichem Wissen und Nachhaltigkeitspolitik zielführend ist, sondern vor allem zivilgesellschaftliche Wissensformen in Betracht zu ziehen sind. Ein besonderes transformatives Potenzial könne speziell den Wissenspraktiken zivilgesellschaftlicher Akteure zugeschrieben werden, da im Rahmen dieser Praktiken Interaktionen zwischen unterschiedlichen gesellschaftlichen Handlungsfeldern ermöglicht und somit dynamische Veränderungsprozesse in Gang gebracht werden können. Um diese Prozesse zu kennzeichnen, schlägt der Beitrag den Begriff der »Kokreation« vor. Auf dieser Grundlage wird der Prozess der transformativen Wirkung zivilgesellschaftlichen Wissens anhand des Beispiels einer zivilgesellschaftlichen Initiative durch eine Gruppe Berliner Fahrradaktivisten, die erfolgreich eine verkehrspolitische Neuregelung erwirken konnte, rekonstruiert.

Ebenfalls fokussiert auf die Projektebene geht *Nico Lüdtke* in »*Transdisziplinarität und Projektmanagement. Zur Organisation von Wissensprozessen im Nachhaltigkeitsbereich*« darauf ein, dass die transdisziplinäre Forschung durch eine problemorientierte und partizipative Wissenserzeugung sowie die spezifische Organisationsform des Projekts charakterisiert ist. Der Beitrag stellt dar, dass sich dadurch in der alltäglichen Forschungspraxis besondere Herausforderungen der Organisation von Wissensprozessen stellen. Im Vergleich zu anderen

Bereichen projektförmiger Forschung seien transdisziplinäre Projekte durch ein hohes Maß an Heterogenität gekennzeichnet, sodass sowohl auf einer inhaltlichen als auch auf einer beziehungsmäßigen Ebene komplexe Integrationsleistungen erbracht werden müssen. Mit Blick auf die Schlüsselfunktion, die das Projektmanagement dabei erfüllt, wird einerseits das umfangreiche Spektrum an Managementaufgaben beleuchtet. Anderseits wird die Bedeutung von Verantwortungszuschreibungen aufgezeigt. Vor diesem Hintergrund ist die These, dass angesichts des Organisationsaufwands transdisziplinärer Projekte eine erfolgreiche Projektarbeit zwar sehr von der Realisierung guter Managementtätigkeiten abhängt, jedoch vor allem auf persönlichem Verantwortungsgefühl basiert – insbesondere der Personen auf der Ebene des Projektmanagements.

Der Beitrag »*Dilemmata der Nachhaltigkeit zwischen Evaluation und Reflexion. Begründete Kriterien und Leitlinien für Nachhaltigkeitswissen*« von *Anna Henkel, Matthias Bergmann, Nicole Karafyllis, Bernd Siebenhüner und Karsten Speck* beleuchtet neben Projekten auch die Strukturen im Wissenschaftssystem. Hierbei wird von der Beobachtung ausgegangen, dass Nachhaltigkeit zwar gesellschaftlich breit akzeptiert ist, jedoch begrifflich mindestens ebenso breit verwendet wird. Problematisiert wird dabei, dass bislang die spezifischen Dilemmata der einzelnen Konzepte hinsichtlich inkommensurabler Ziele, Kriterien, Interessen und verwendeter Wissensarten kaum systematisch betrachtet werden, sodass im Grunde unklar ist, wann und warum die Inanspruchnahme des Adjektivs »nachhaltig« gerechtfertigt ist. Angesichts dessen schlägt der Beitrag eine Perspektive zur Reflexion von Nachhaltigkeitswissen vor. Die unterschiedlichen Konzepte und damit verbundenen normativen Ansprüche sowie die spezifischen Dilemmata werden dazu als Ausgangspunkt verwendet, um auf der Grundlage einer Reflexion von Nachhaltigkeitsprogrammen und -projekten sowie einer Analyse des Verhältnisses von Wissenschaft und Gesellschaft sowohl empirisch als auch theoretisch begründete Meta-Kriterien für Nachhaltigkeit zu entwickeln, die für die Beurteilung von Nachhaltigkeit sowie der Evaluationskriterien selbst geeignet sind.

Die Wissenschaftsebene nimmt auch *Martina Franzen* in den Blick, indem sie in *»Nachhaltiges Publizieren. Zu den Grenzen des wissenschaftlichen Wachstums«* den Zusammenhang zwischen der Glaubwürdigkeit wissenschaftlichen Wissens und den Bedingungen der Wissensproduktion im gegenwärtigen Wissenschaftssystem diskutiert. Der Beitrag problematisiert das enorm zugenommene Publikationsgeschehen der Wissenschaft und fragt nach den Auswirkungen auf die wissenschaftlichen Reputationsmechanismen sowie die Konsequenzen für die Qualität wissenschaftlicher Erkenntnis. Mit Blick auf den angestiegenen Publikationsdruck, die wachsende Bedeutung von Veröffentlichungen in anerkannten Fachzeitschriften und die zunehmende Orientierung an Zitationsindizes und Impact Factors sei nicht nur ein Wandel des wissenschaftlichen Selbstverständnisses zu beobachten, sondern es stelle sich auch die Frage nach dysfunktionalen Effekten für die Wissensproduktion. Hierzu zeichnet der Beitrag die Entwicklung der wissenschaftlichen Publikationspraxis von der Erfindung der wissenschaftlichen Zeitschrift im 17. Jahrhundert bis hin zu den karriererelevanten Leistungsanforderungen der Gegenwart nach, geht auf die entstandenen Paradoxien dieser Entwicklung ein und erörtert, inwieweit das Prinzip der Nachhaltigkeit auf das System wissenschaftlichen Publizierens übertragbar ist.

Nachdem so Wissensintegration und Wissenstransfer mit Fokus auf die Bereiche des Politischen, der Wissenschaft und des Projekts in den Blick genommen wurden, fokussiert der letzte Beitrag auf das – wenn es um Umsetzung geht: zentrale – Feld der Unternehmen bzw. der gewinnorientierten Organisation. Aus der Perspektive der nachhaltigkeitsorientierten Unternehmensberatung geht *Thomas Melde* in *»Zwischen Hoffnung und Skepsis. Perspektiven einer ›nachhaltigen‹ Wirtschaft«* auf die unternehmerische Bedeutung von Nachhaltigkeit ein. Einerseits könne beobachtet werden, dass bereits eine Reihe nachhaltigkeitsbezogener Aspekte als unternehmensrelevante Faktoren die alltägliche Managementpraxis vieler Unternehmen prägen – auch wenn kein explizit nachhaltigkeitsorientiertes Geschäftsmodell verfolgt wird. Andererseits sei ein fortbestehender Mangel an Wissen in verschiedenen Bereichen des unternehmerischen Nachhaltigkeitsmanagements zu konstatieren. Diese Wissensbedarfe sind weniger im Bereich des technischen oder naturwissenschaftlichen Sachwissens zu verorten, sondern bestehen vor allem hinsichtlich eines nachhaltigkeitsorientierten Managementwissens. Mit Blick auf die Unterscheidung zwischen Wertewandel-, Wirkungs- und Transformationswissen diskutiert der Beitrag, welche Beiträge die sozialwissenschaftliche Nachhaltigkeitsforschung hierbei einbringen könnte, und geht auf Schwierigkeiten der Übersetzung ein.

# Erfordernisse der Transformationsforschung am Beispiel der Energiewende

Ortwin Renn

## Einleitung

Nachdem die Bundesregierung sowohl die Pariser Vereinbarungen zum Klimawandel ratifiziert und das Klimaschutzprogramm verabschiedet hat, steht Deutschland vor großen Herausforderungen: Nach dem Ausstieg aus der Kernenergie bis zum Jahr 2022 soll bis zum Jahr 2050 die fossile Energieversorgung von heute rund 80 % auf unter 20 % gesenkt werden (Ethik-Kommission Sichere Energieversorgung 2011). Deutschland will als Beitrag zum Klima- und Ressourcenschutz bis Mitte dieses Jahrhunderts mindestens 80 Prozent weniger Treibhausgase emittieren als im Referenzjahr 1990 und seinen Primärenergieverbrauch gegenüber 2008 um die Hälfte reduzieren. Um dieses Ziel zu erreichen, soll die Energieversorgung künftig von einem hohen Anteil erneuerbarer Energien und einer effizienten Energienutzung geprägt sein. Der Ausbau der erneuerbaren Energien soll dabei den wesentlichen Anteil an der Erreichung der Klimaschutzziele beitragen. Weitere Reduktionen sollen vor allem durch mehr Effizienz in der Nutzung von Energieträgern sowie durch Sektorkopplung in Verbindung mit Digitalisierung erreicht werden.

Als eines der ersten Länder, das im November 2016 seine langfristige Entwicklungsstrategie zur Erreichung eines niedrigen Treibhausgasausstoßes bei den Vereinten Nationen einreichte, verabschiedete die deutsche Regierung den Klimaschutzplan 2050.[1] Wie es in den Dokumenten klar zum Ausdruck kommt, skizziert der Plan die Grundprinzipien für die Umsetzung der langfristigen deutschen Klimaschutzstrategie und bietet wesentliche Leitlinien für alle Akteure in Wirtschaft, Gesellschaft und Wissenschaft. Insbesondere wurde mit dem Plan das Ziel gesetzt, die Treibhausgasemissionen im Allgemeinen und in verschiedenen Wirtschaftssektoren drastisch zu reduzieren, um die Klimaziele für 2050 zu erreichen und sie mit den Ergebnissen der Klimakonferenz von 2015 in Paris in Einklang zu bringen. Es geht darum, die Erderwärmung weit unter dem Zielwert von 2 Grad Celsius über dem vorindustriellen Niveau zu halten und um den Temperaturanstieg auf 1,5 Grad Celsius zu begrenzen.

Mit dem Erneuerbare-Energien-Gesetz (EEG) hat der Anteil erneuerbarer Energien im Stromsektor mit dem Anteil erneuerbarer Energien am Bruttostromverbrauch (Gesamtvolumen des in Deutschland verbrauchten Stroms) deutlich zugenommen. Er stieg von rund 6 % im Jahr 2000 auf 31,5 % im Jahr 2016 und rund 36 % in 2017.[2] Ziel ist eine nachhaltige Energieversorgung im Einklang mit Klimaschutz- und Umweltschutzzielen, um die Kosten der Energieversorgung zu senken, fossile Energieressourcen zu schonen und die Technologieentwicklung für erneuerbare Energien zu fördern. Wichtig ist, dass das Erneuerbare-Energien-Gesetz und seine Änderungen in den Jahren 2004, 2009, 2012, 2014 und 2017 das Ziel verfolgen, die Mindestanteile erneuerbarer Energien von rund 80 % im Stromversorgungsweg bis 2050 zu erreichen.[3]

Innerhalb von 40 bis 50 Jahren eine langfristig etablierte Versorgung von einem dominant fossil getriebenen System auf ein neues System umzustellen, ist in sich schon eine enorme Herausforderung, die sehr viele technische, aber auch soziale und organisatorische Innovationen, nicht zuletzt Veränderungen im Energieverbrauchsverhalten, erfordert. Im Klartext: Die volatilen und

---

1 https://www.bmu.de/themen/klima-energie/klimaschutz/nationale-klimapolitik/klima-schutzplan-2050/.
2 https://www.bmwi.de/Redaktion/DE/Dossier/erneuerbare-energien.html.
3 Erneuerbare-Energien-Gesetz (EEG 2017).

fluktuierenden Energieträger Sonne und Wind sollen die Hauptlast übernehmen, flankiert durch Wasserkraft und Geothermie, die ein Stück weit eine beständige Versorgung bereitstellen können. Dazu kommt die Biomasse – bis zu einem Maximalwert von 10 % an der Endenergie, um nicht im Konflikt mit ökologischen Zielen und der Sicherung der Nahrungsmittelerzeugung zu geraten. Vor allem sind es aber die Fluktuationen im erneuerbaren Energieangebot, die in Zukunft neue Systemlösungen verlangen. Gerade hier sind Lösungen gefragt, die alle Möglichkeiten der modernen Informationstechnologie nutzen (Bruhns und Keilhacker 2011).

Die Umsetzung der Energiewende ist zudem an eine deutliche Verringerung des Energieverbrauchs gebunden (Hennecke und Fischedick 2007). Bis zum Jahr 2050 müssen die Stromkonsumenten in Deutschland rund 40 % des Primärenergieeinsatzes zusätzlich einsparen, um die Energieziele der Bundesregierung zu erreichen. Das alles soll so geschehen, dass die Quantität und Qualität der nachgefragten Energiedienstleistungen nicht nennenswert in Mitleidenschaft gezogen werden. Dies soll zum einen durch die Erhöhung des Wirkungsgrads der eingesetzten Energie, also der Energieeffizienz, erreicht werden. Doch Energieeffizienz allein reicht nicht aus. Es bedarf in gleicher Weise der Suffizienz, im Sinne von Maßhalten durch eine Veränderung der Konsummuster. Die Bewältigung dieser Herausforderungen erfordert nicht nur praktisch-technische Veränderungen, sondern zieht auch im sozialen und politischen Kontext Konsequenzen nach sich.

Um diese vielen, zum Teil sich ergänzenden, aber auch sich widersprechenden Anforderungen an eine gelingende Energiewende zu erfüllen, ist eine Integration von technischer, naturwissenschaftlicher, sozialwissenschaftlicher und psychologischer Expertise notwendig. Neben der Interdisziplinären Aufarbeitung des Wissens kommt noch eine transdisziplinäre Ausrichtung der Übertragung unterschiedlicher Wissensformen in praktisches Handlungswissen hinzu. Denn die Energiewende erfordert zielgerichtete Interventionen in Wirtschaft und Politik auf der Basis evidenz-informierten und gleichzeitig praktisch umsetzbaren Wissens. Dies geht mit neuen Maßstäben für die Zusammenarbeit zwischen Wissenschaft, Gesellschaft und Politik einher.

Der folgende Beitrag zeigt zum Ersten die Fragen und Herausforderungen auf, die mit der Umsetzung der Energiewende verbunden sind. Zum Zweiten wird eine Strategie für eine transdisziplinär ausgerichtete Transformationsforschung aufgezeigt, die eine der Komplexität der Herausforderungen angemessene Möglichkeit der transdisziplinären Politik- und Gesellschaftsberatung aufzeigt.

## Herausforderungen der Energiewende

Der Übergang von einer Gesellschaft, die ihren Energiebedarf vorwiegend mit fossilen Energieträgern deckt, zu einer »Gesellschaft mit langfristig gesicherter, nachhaltiger Energiewirtschaft« (Leopoldina et al. 2009, S. 12) erscheint jedoch alles andere als einfach. Schließlich handelt es sich bei der Energiewende um ein Projekt, das sowohl intra- als auch intergenerationelle Auswirkungen hat und das eines gut koordinierten und strukturierten Zusammenspiels von gesellschaftlicher Nachfrage, organisatorischen Veränderungen, neuen Steuerungsinstrumenten sowie wissenschaftlichen Entwicklungen und technologischen Möglichkeiten bedarf. Auch für die Energieforschung ergeben sich hieraus neue Herausforderungen und Aufgaben. Gefragt sind nicht mehr disziplinäre, klar abgrenzbare Aktivitäten, sondern die Initiierung und Weiterentwicklung von system- und themenübergreifenden Forschungsansätzen. Nur durch einen umfassenden Ansatz können Einflüsse und Auswirkungen der Energiewende umfänglich abgeschätzt und nachvollzogen werden (Renn 2015, S. 15 ff.).

Die Integration der gesellschaftlichen Perspektive bei der Umsetzung der Energiewende ist hierbei von großer Bedeutung, da der Um- und Ausbau des Energiesystems weitreichende Folgen für eine Gesellschaft und ihre entscheidungsbefugten Instanzen hat. Politische Entscheidungen müssen verstärkt unter Unsicherheit getroffen werden, Interessen verschiedener Stakeholder-Gruppierungen gilt es zu integrieren, Werte, Befürchtungen und Ängste der Bürger aufzugreifen und zu beherzigen.

Auf den ersten Blick sieht das Meinungsbild der Bevölkerung zur Energiewende außerordentlich positiv aus (Setton und Renn 2018). Der Konsens für die Energiewende ist nahezu überwältigend: 88 % der Bevölkerung befürworten die Energiewende quer durch alle Bildungs-, Einkommens- und Altersgruppen, gleichermaßen auf dem Land wie in den Städten. Diese große Mehrheit zieht sich durch alle politischen Lager: Über 87 % der Anhänger von CDU/CSU, SPD, FDP, Linke und Bündnis 90/Die Grünen und 59 % der AfD-Anhänger stehen der Energiewende positiv gegenüber. Für drei Viertel (75 %) der Bevölkerung ist sie eine Gemeinschaftsaufgabe, bei der jeder in der Gesellschaft – sie selbst eingeschlossen – einen Beitrag leisten sollte. Nur eine kleine Minderheit von 3 % der Bevölkerung hält die Energiewende für falsch. Viel Rückhalt erhält auch die Bürgerenergie: 86 % begrüßen, dass sich die Bürger als Energieerzeuger beteiligen können.

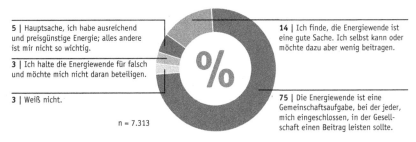

5 | Hauptsache, ich habe ausreichend und preisgünstige Energie; alles andere ist mir nicht so wichtig.

3 | Ich halte die Energiewende für falsch und möchte mich nicht daran beteiligen.

3 | Weiß nicht.

n = 7.313

14 | Ich finde, die Energiewende ist eine gute Sache. Ich selbst kann oder möchte dazu aber wenig beitragen.

75 | Die Energiewende ist eine Gemeinschaftsaufgabe, bei der jeder, mich eingeschlossen, in der Gesellschaft einen Beitrag leisten sollte.

*Grafik 1: Breite Mehrheit sieht Energiewende als Gemeinschaftsaufgabe (n=7.313)*

Als weniger überzeugend beurteilt die Bevölkerung dagegen die Umsetzung der Energiewende in Deutschland. Ein Großteil (41 %) bewertet die Umsetzung unterm Strich zwar eher als »gut«. Doch je konkreter es wird, desto skeptischer die Haltung. Jeder Zweite (47 %) hält die Energiewende quer durch alle Einkommensgruppen für eher ungerecht, nur jeder Fünfte (22 %) für eher gerecht.

Die Hälfte (52 %) findet sie zudem »chaotisch«, bürgernah ist die Energiewende nur für jeden Fünften. Besonders skeptisch ist die Einschätzung beim Thema Kosten, und zwar mehrheitlich über alle Einkommensgruppen hinweg. 66 % halten die Energiewende für eher teuer, 73 % sind der Meinung: Die Energiewende führt zu erhöhten Strompreisen. Auch die Aussage, die Energieversorgung werde durch die Energiewende langfristig kostengünstiger, lehnen 42 % mehrheitlich ab.

Weit über die Hälfte der Menschen (67 %) beklagen eine verteilungspolitische Schieflage bei der Umsetzung der Energiewende. Nach Meinung einer breiten Mehrheit werden die Lasten vor allem von den »kleinen Leuten« getragen, während Wohlhabende und Unternehmen eher profitieren. Die volkswirtschaftlichen Auswirkungen der Energiewende werden aber insgesamt positiver beurteilt. Fast jeder Zweite (44 %) hält die Energiewende für einen Jobmotor. 60 % lehnen die Aussage ab, die Wirtschaft würde durch die Energiewende Schaden erleiden.

In Folge dieser Einschätzungen zu den Diskrepanzen zwischen Zielen und Umsetzung der Energiewende ist eine neue Debatte über die Vor- und Nachteile der Energiewende entbrannt. Kernfrage ist hierbei, ob eine versorgungssichere Energieversorgung zu annehmbaren Preisen unter den Vorgaben der Energiewende überhaupt möglich ist (Pahle et al. 2012). Dazu kommen Akzeptanzprobleme: Immer dann, wenn neue Netze verlegt werden, wenn große Pumpspeicherkraftwerke gebaut, wenn zu neuen Smart-Modellen in der Elektromobilität und in der Stromversorgung Vorleistungen bei der Infrastruktur getätigt werden müssen, durch die auch die Autonomie des Verbrauchers teilweise eingeschränkt werden soll, kann man mit Widerständen der betroffenen Bevölkerung rechnen (Bosch und Peyke 2011).

Um die Energiewende dennoch erfolgreich weiterzuführen, bedarf es angesichts dieser Zahlen einer langfristig angelegten Steuerung und Koordinierung von umfassenden und integrierenden Kommunikations-, Beteiligungs- und Projektmanagementstrukturen, die die Werte und Interessen der gesellschaftlichen Akteure einbinden und einen Weg zur Umsetzung der Ziele finden. Diese Strategien zur Umsetzung der Energiewende sollten nicht nur technisch möglich, wirtschaftlich tragbar und ökologisch kompatibel mit den Zielen von Klima- und Ressourcenschutz sein, sondern auch sozialverträglich, akzeptabel und gerecht. Dies bedeutet, neben technischen Innovationen und deren Implikationen für Wirtschaft und Umwelt auch einen systematischen Blick auf gesellschaftliche Strukturen und Prozesse zu werfen, in die diese technischen Entwicklungen eingebettet sind (Schweizer-Ries et al. 2013). Nur durch einen umfänglichen interdisziplinären und systemisch orientierten Blick auf das Geschehen kann es gelingen, die durch die Bundesregierung mit der Energiewende verknüpften Ziele der »Versorgungssicherheit«, »Wirtschaftlichkeit« und »Umweltverträglichkeit« (Buchholz et al. 2012, S.1) auf eine sozialverträgliche und als gerecht empfundene Art und Weise zu erreichen.

# Die Aufgaben der Energieforschung

Die Transformation des Energiesystems ist ein gesamtgesellschaftliches Vorhaben. Technische Innovationen und wirtschaftliche Abläufe vollziehen sich innerhalb von institutionellen Strukturen, gesellschaftlichen Rahmenprozessen und politischen Leitlinien. Um die Energiewende sozialverträglich zu gestalten, müssen insbesondere Schnittstellen und Wechselwirkungen beachtet werden. Dabei kommt den Wechselwirkungen zwischen technologischer Entwicklung, organisatorischen Strukturen, politischen Steuerungsprozessen und individuellem Verhalten ein besonderer Stellenwert zu.[4] So sind für die Erforschung des Energiesystems und seiner Transformation unter dem Ziel, zu einer »guten« Transformation beizutragen, unterschiedliche Wissensbestände gefragt. In der

---

4   Diese Wechselwirkungen zu erforschen, ist das Ziel des Kopernikusprojekts E-Navi, das von der Bundesregierung finanziert wird und vom Autor als Sprecher koordiniert wird. Siehe: https://www.kopernikus-projekte.de/projekte/systemintegration

Konzeptualisierung problemorientierter Forschung hat sich eine Dreiteilung nach den Wissenstypen Systemwissen, Orientierungswissen und Umsetzungswissen bewährt (Hirsch Hadorn 2005; ausführlich in: Pohl und Hirsch Hadorn 2006):

- *Systemwissen*: Vorschläge zur weiteren Gestaltung der Energiewende bedürfen selbstverständlich einer guten Kenntnis des Energiesystems und seiner Wechselwirkungen. Diese Kenntnis muss sowohl die technischen Zusammenhänge als auch die institutionellen, regulatorischen, ökonomischen und verhaltensbezogenen Aspekte des Energiesystems umfassen, darüber hinaus aber auch und im Besonderen die Wechselwirkungen zwischen diesen Größen. Gerade die Erforschung der Wechselwirkungen führt aufgrund der Komplexität des Systems immer wieder zu teils kontraintuitiven und unerwarteten Effekten, die zeigen, dass die Aufdeckung der Mechanismen des soziotechnischen Energiesystems nach wie vor eine forscherische Herausforderung darstellt, die oftmals bis in die Grundlagenforschung der beteiligten Disziplinen reicht, aber auch gerade interdisziplinäre Kooperation erfordert.

- *Orientierungswissen*: Die Erforschung der Funktionsweisen des Energiesystems sagt noch nichts darüber aus, in welche Richtung und mit welchen Gründen und Zielen das System zu transformieren sei. Die Transformation bedarf orientierender Kriterien, die nachvollziehbare und transparente Unterscheidungen zwischen normativ verschiedenen Pfaden erlauben, um Gesellschaft und Entscheidungsträgern entsprechende Orientierung zu geben. Diese Kriterien sind normativ; sie erschließen sich nicht aus einer beobachtenden oder experimentellen Befassung mit den Phänomenen, sondern bedürfen einer ethischen Argumentation. Als normative Basis steht hier das Leitbild der nachhaltigen Entwicklung im Vordergrund. Zum Orientierungswissen wird üblicherweise ein zweiter, vom Erkenntniswert jedoch gänzlich anders gelagerter Wissenstyp gezählt: das prospektive Wissen. Szenarien erlauben die Einbettung von Transformationspfaden des

Energiesystems in übergeordnete Zukunftsbilder und Kontexte; sie erlauben die integrative Zusammenschau heterogener, sich aber teils beeinflussender Entwicklungen und schaffen dadurch eine andere Form von Orientierung als normative Überlegungen.

- *Umsetzungswissen*: Die Verfügbarkeit von Wissen über Maßnahmen der Transformation und ihre voraussichtlichen Wirkungen stellt eine entscheidende Voraussetzung einer informierten Entscheidungsfindung im Fortgang der Energiewende dar. Um Wissen in Handlungen umzusetzen, ist mehr als nur Einsicht notwendig. Wichtig sind praktische Anleitungen und auch Anreize, die das individuelle Handeln motivieren (etwa im Sinne des »nudging«; Reisch und Sunstein 2016). Ebenso ist Umsetzungswissen notwendig, um durch regulatorische Interventionen oder monetäre Anreizsysteme nachhaltige Effekte zu erzielen. Dieses Wissen basiert üblicherweise auf der Kombination von System- und Orientierungswissen. Zum Umsetzungswissen gehört auch das Metawissen über die Unsicherheit und Unvollständigkeit dieser Wissensbestände, um reflektiertes Handeln unter Unsicherheit zu ermöglichen.

Transformationswissen zur Umgestaltung des Energiesystems besteht aus einer »klugen« Kombination dieser drei Wissenstypen. Die mit der Energiewende verbundenen technischen, organisatorischen und institutionellen Änderungen sind auf System-, Orientierungs- und Umsetzungswissen angewiesen. Dieses Wissen muss aber auch in entsprechende Entscheidungen und Handlungen umgesetzt werden. Wissen alleine hat noch keine Transformation in Gang gesetzt. Im Rahmen der politisch gewollten Energiewende kann der Transformationsprozess nur gelingen, wenn die Nutzer der Energie und die Anwohner von neuen infrastrukturellen Anlagen aktiv mitmachen, das Handlungswissen auch in reale Handlungen umzusetzen.

# Umsetzung in einem deliberativen Transformationsdiskurs

Wie lässt sich dieser Dreiklang von System-, Orientierungs- und Umsetzungswissen in ein Konzept und einen Verfahrensablauf der Politikberatung zur Umsetzung der Energiewende einordnen? Aus meiner Sicht muss Politikberatung für die Energiewende nach den Kriterien transdisziplinärer Forschung organisiert sein. Zur Realisierung der Transdisziplinarität sind nach einschlägiger Literatur zwei wesentliche Aspekte erforderlich (Stauffacher et al. 2008):

Zum Ersten geht es um die Notwendigkeit eines intensiven Austauschs zwischen Wissensproduzenten und Wissensempfängern über alle Phasen des Erkenntnis- und Forschungsprozesses (Hirsch Hadorn et al. 2008). Diejenigen, die wissenschaftliches Wissen für politische Entscheidungen nutzen und konkret anwenden wollen, müssen nicht nur die Ergebnisse der Forschung kennen, sondern auch die Kontextbedingungen und die Geltungsbereiche, ohne deren Kenntnis eine sachgerechte Interpretation der Ergebnisse nicht möglich ist. Zudem ist es notwendig, dass die Empfänger des Wissens schon bei der Frage des Framing, also der Ausgangsperspektive der Forschungsarbeiten, mitwirken können, um sicherzustellen, dass die besonderen Fragen, Anliegen und Probleme der Nutzer und Nutzerinnen angemessen berücksichtigt werden. Beispielsweise könnten Vertreterinnen und Vertreter aus Politik, Wirtschaft oder Zivilgesellschaft ihre speziellen Probleme bei der Vermittlung von Zielkonflikten zwischen den vier Zielen der Energiepolitik (Wirtschaftlichkeit, Versorgungssicherheit, Umwelt- und Klimaverträglichkeit, Sozialverträglichkeit) oder bei der Suche nach sozial und wirtschaftlich akzeptablen Standorten für Windkraftanlagen zum Angelpunkt eines Forschungsvorhabens machen.

Zum Zweiten ist transdisziplinäre Vorgehensweise durch eine bewusste Einbindung von Wissensträgern außerhalb der Wissenschaft geprägt (Jahn 2008, S. 21 ff.). Gerade für komplexe Fragestellungen sind Erfahrungswissen und häufig auch Kontextwissen der mit dieser Frage beschäftigten Gruppierungen in der Gesellschaft relevant, um nicht nur theoretisch schlüssige, sondern auch praktisch umsetzbare Lösungsvorschläge zu entwickeln. In der Sprache der Transdisziplinarität spricht man hier von *Ko-Kreation des Wissens*[5]. Wissensträger aus ganz unterschiedlichen Perspektiven und Lebensbereichen sollen nach diesem Konzept diskursiv eine gemeinsame Wissensgrundlage schaffen, die sich als robuste und praktisch umsetzbare Grundlage für politisches Handeln erweisen soll.

Wie man genau solche transdisziplinären Verständigungsprozesse zwischen Wissensträgern und Wissensempfänger organisieren kann und soll, ist in der Literatur umstritten.[6] Wesentliche Kennzeichen eines solchen Prozesses sind die frühzeitige Einbindung aller relevanten Wissensträger, der forschungsbegleitende Diskurs mit den Nutzerinnen und Nutzern des Wissens sowie der Einsatz von innovativen kommunikativen Verfahren, die einen intensiven Austausch von Argumenten, Beobachtungen und Erfahrungen ermöglichen.[7]

Wenn man die beiden grundlegenden Ziele der transdisziplinären Forschung umsetzen will, gelingt das m. E. nur dann, wenn man die drei Wissenstypen parallel und integrativ einsetzt und zwar so, dass sie sich gegenseitig ergänzen und in einen integrativen Prozess der Ko-Kreation von Wissen und Bewertungen einmünden. Für den transdisziplinären Austausch zwischen Wissenschaft und Politik sind alle drei Wissenstypen konstitutiv.

Die Integration der drei Wissenstypen in Prozesse deliberativer Politikgestaltung ist aus meiner Sicht der Kernpunkt der interdisziplinären Vorgehensweise,

---

5  Siehe zu diesem Begriff und seiner Verwendung in der transformativen Forschung: Loorbach und Rotmans (2010). Sowie in Bezug auf Transformationswissenschaften: Vilsmaier und Lang (2014). Zu den Erfolgsbedingungen siehe Kaufmann-Hayoz et al. (2016).
6  Siehe vor allem die kritischen Bemerkungen in Brand (2016).
7  Viele Institutionen, wie auch meine Heimatinstitution, das Institut für transformative Nachhaltigkeitsforschung in Potsdam (IASS), sind der transdisziplinären Forschungsmethode verpflichtet. Mehr Informationen zum IASS findet sich auf der Homepage: http://www.iass-potsdam.de/de. Eine Beschreibung unserer Vorgehensweise findet sich in Nanz et al. (2017).

vor allem in Transformationsprozessen. Sie stellt die notwendige soziale Innovation dar, die wir in Deutschland, aber auch in anderen Demokratien dieser Welt, dringend benötigen, um mit den vielen irritierenden Entwicklungen in Politik, Wissenschaft und Gesellschaft konstruktiv umzugehen.[8]

## Integrative Politik- und Gesellschaftsberatung gefordert

Wie lässt sich konkret die Integration von System-, Orientierungs- und Umsetzungswissen in einen transdisziplinären Forschungs- und Entwicklungsprozess einordnen? Welche Methodologie ist mit dem transdisziplinären Ansatz verbunden?[9]

Wenn man die oben beschriebenen Ziele der transdisziplinären Forschung umsetzen will, gelingt das m. E. nur dann, wenn man die drei Wissenstypen miteinander verzahnt, und zwar so, dass sie sich gegenseitig ergänzen und in einen integrativen Prozess der Ko-Generation von Wissen und Bewertungen einmünden. Für den transdisziplinären Austausch zwischen Wissenschaft und Politik sind alle drei Konzepte konstitutiv. Warum?

Zum Ersten ist es für den transdisziplinären Diskurs entscheidend, mit der Autorität der Wissenschaften Wahrheitsansprüche im Sinne des Systemwissens zu prüfen und »fake news« von »true news« zu differenzieren (Esfeld 2017). Es wird Zeit, von der postmodernen Vorstellung Abschied zu nehmen, dass Wissen in beliebiger Form sozial konstruiert sei und es keine übergreifenden Qualitätsansprüche oder Kriterien für disziplinübergreifende und kontextumfassende Wahrheitsansprüche gäbe. Die jüngst entflammte Diskussion um »fake news«, um Echo-Kammern und um postfaktische Kommunikation ist ein beredtes

---

8  Zum Thema politische Innovation siehe Michels (2011).
9  Siehe dazu Lang et al. (2014) sowie Bergmann et al. (2010).

Zeugnis dafür, dass bei einem Vakuum an wissenschaftlich gesichertem Wissen die Lücke mit Halbwissen und interessengeleiteten Überzeugungen gefüllt wird. Das ist aber keine ethisch vertretbare Alternative zum Sachwissen! Auch für den transdisziplinären Diskurs werden klassisch arbeitende Forscherteams benötigt, um die Teilnehmenden an einem Diskurs mit dem entsprechenden Faktenwissen auszustatten und Sachfragen aus dem Diskurs nach wissenschaftlich anerkannten Standards zu beantworten. Hier ist auch die ideologiekritische Funktion von Wissenschaft gefragt, Fehlurteile aufgrund von Wunschdenken, intuitiv einleuchtenden, aber oft in die Irre führenden Faustregeln und Plausibilitätsannahmen aufzudecken und diese kritischen Einsichten mit allen am Diskurs beteiligten Parteien zu teilen (McIntyre 2017, S. 163).[10] Gleichzeitig ist die Wissenschaft selber nicht immun gegen eigene Fehldeutungen: Sie blendet gerne verbleibende Unsicherheiten aus, übersieht die Geltungsgrenzen von Aussagen oder unterdrückt alternative, aber ebenso sachgerechte Auslegungen der vorhandenen Daten. Gerade wenn Wissenschaft politisch wirksam werden soll, ist es unerlässlich für die beteiligten Wissenschaftsteams, das eigene Wissen stets kritisch zu reflektieren und die Zuverlässigkeit und Robustheit des eingebrachten Wissens durch Metaanalysen und andere Qualitätssicherungsverfahren zu überprüfen. Ziel ist eine dem Interessen vorgelagerte Charakterisierung des für das Systemverständnis notwendigen Wissens mit allen Unsicherheiten und Mehrdeutigkeiten, aber auch mit klaren Angrenzungen zu ideologischen oder interessengebundenen Wissensbeständen.

Zum Zweiten lebt der transdisziplinäre Diskurs von dem zielgerichteten Orientierungswissen, das zum einen die Reflektion über Ziele und Endpunkte der Energiewende umfasst, zum anderen aber auch Strategien entwickelt, um die von Politik, Wirtschaft und Zivilgesellschaft angestrebten Ziele möglichst effektiv, effizient und mit der geringsten Zahl an unerwünschten Nebenwirkungen zu erreichen. Die damit verbundene zielgerichtete Forschung ist nahe an den zu

---

10  Siehe auch meine Ausführungen in Renn (2017, S. 186 ff.).

lösenden Problemen ausgerichtet und hilft vor allem bei komplexen und unsicheren Entscheidungskontexten, wissenschaftlich robuste Handlungsoptionen zu entwerfen und deren Folgen abzuschätzen. Ähnlich wie beim Systemwissen ist auch hier eine kritische Komponente von großer Bedeutung. Zum einen müssen die Ziele und deren Begründung stets neu reflektiert und abgewogen werden, damit Wissenschaft nicht einfach zum Erfüllungsgehilfen von politischen Kräften wird, zum anderen müssen die Wissenschaftsteams selber so viel Distanz zu den Zielen und Werten ihrer Auftraggeber haben, dass sie selbstkritisch auch nicht genehme Erkenntnisse beachten, verarbeiten und weiterreichen.

Zum Dritten beruhen transdisziplinäre Prozesse auf einer diskursiven Behandlung der Probleme und Konflikte und deren Lösungsmöglichkeiten unter Beteiligung aller relevanten Gruppen. Diese diskursive Behandlung von Konflikten ist zum einen wegen der Unsicherheit, Mehrdeutigkeit und Frame-Abhängigkeit der wissenschaftlichen Problembeschreibung und -analyse sinnvoll und notwendig, zum anderen erfordert die sich immer weiter ausdehnende Vielfalt an Bewertungen, Interpretationen und Wertzuordnungen einen integrationsfördernden und konfliktschlichtenden Diskurs (Witmayer und Schäpke 2014). Solche diskursiven Prozesse der Aneignung relevanter Wissensbestände und deren Einbettung in eine argumentative Abwägung zur Konfliktbearbeitung möglichst effektiv zu organisieren und nach rationalen Kriterien von Wissens- und Urteilsbildung zu gestalten, ist im wahrsten Sinne des Wortes eine Wissenschaft für sich. Der geläufige Begriff des Umsetzungs- oder Transformationswissens ist hier inhaltlich nicht ganz treffend. Es geht nicht nur um Sachwissen, wie man von A nach B kommt, sondern vielmehr um Prozesswissen, wie in einer komplexen Governance-Struktur Handlungswissen erzeugt und umgesetzt werden kann. Ich bezeichne dieses Wissen daher lieber als katalytisches Wissen.[11] Der Begriff der Katalyse ist in den Naturwissenschaften, vor

---

11 Den Vorschlag eines katalytischen Wissenschaftsverständnisses habe ich erstmals 2009 in einem längeren Beitrag vorgeschlagen und mehrfach weiter ausgearbeitet (Renn 2009). Ansonsten findet sich der Begriff in den angewandten Sozialwissenschaften häufiger im

allem in der Chemie, geläufig, um den Einfluss eines Stoffs, des sog. Katalysators, auf die Reaktionsgeschwindigkeit (positiv oder negativ) eines chemischen Reaktionsprozesses zu beschreiben, ohne dabei selbst in das Reaktionsergebnis einzugehen. Der Katalysator verbraucht sich also im Prozess der Katalyse nicht.

Übertragen auf das katalytische Beratungskonzept übernimmt das Wissenschaftsteam die Rolle des Katalysators. Seine Aufgabe besteht darin, systematisch das für eine Problemlösung notwendige Wissen aus der Wissenschaft, aber auch aus anderen Wissensquellen (erfahrungsbasiertes, lokales, endogenes, intuitives Wissen) zu sammeln, neu zu ordnen und zum Zweck der gegenseitigen Verständigung aufzubereiten (Nanz et al. 2017). Vor allem sollen Konflikte identifiziert, die dahinterliegenden Wissensannahmen, aber auch die damit verbundenen Werte, Interessen und Präferenzen offengelegt und gemeinsame Lösungsansätze entwickelt werden, die auf Basis von robustem Wissen, allgemein anerkannten normativen Prinzipien und fairer Aushandlung von Interessen zustande kommen. Die systematisch zusammengetragenen Wissenselemente werden nach diesem Konzept in eine für alle Teilnehmer verständliche und nachvollziehbare Form überführt, sodass ein sachgerechter und den pluralen Werten angemessener Diskurs geführt werden kann. In diesem Diskurs treffen die unterschiedlichen Wissensträger mit den Wissensanwendern zusammen und beraten die Ausgangssituation, reflektieren gemeinsam die unterschiedlichen Problemsichten (Frames) und entwickeln sachgerechte und für die Gesamtgesellschaft wertangemessene Lösungsoptionen.

In Diskursen zur Umsetzung der Energiewende katalytisch einzuwirken, ist eine zunehmend relevante Aufgabe der Wissenschaft, wenn sie eine tragende

Zusammenhang mit den Themen Kommunikation, Diskurs oder soziale Bewegungen. Ottmar Edenhofer und Martin Korwarsch (2015) haben einen wichtigen Aspekt des katalytischen Konzepts, nämlich die Aufbereitung des Wissens für die Politik- und Gesellschaftsberatung, als kartografische Funktion der Wissenschaft bezeichnet und dazu viele Vorschläge der Implementierung ausgearbeitet. Allerdings deckt dieser Begriff nicht das Design kommunikativer Aushandlungsprozesse von Wissen und Handlungsorientierung ab, wie ich es zentral für die katalytische Funktion ansehe.

Rolle in der Gestaltung politischer Entscheidungen spielen will. Selbstredend ist auch in diesem dritten Konzept eine kritische und selbstkritische Funktion der Wissenschaft gefragt. Ob ein Design erfolgreich ist, hängt von vielen Randbedingungen ab, die von Diskurs zu Diskurs stark streuen können. Zudem ist Erfolg von Diskursen nicht einfach zu definieren. Erfolg für wen? Allgemeingültige Aussagen zu den Erfolgskriterien von transdisziplinären Diskursen abzuleiten, ist ein mühsames und risikoreiches Unterfangen (Wiek 2007).

Im Idealfall ergänzen sich die drei Wissenstypen gegenseitig und lösen so gemeinsam den Anspruch auf Inter- und Transdisziplinarität ein. Im Dreiklang der drei Wissenstypen ist es prioritäre Aufgabe des katalytischen Wissens, die Struktur und den Prozess der Kommunikation zwischen den Wissensträgern und den jeweiligen Wissensnutzern zu organisieren und zu moderieren, während die Vertreter und Vertreterinnen des Systemwissens das notwendige Hintergrundwissen für alle bereitstellen. Um den teilnehmenden Gruppen wissenschaftliche Unterstützung zu geben, können Forscherteams auf der Basis von gruppenspezifischen oder besser noch von gruppenübergreifenden Zielen und Anliegen erfolgversprechende Umsetzungsstrategien zur Erreichung dieser Ziele entwerfen.

Die Integration der drei Wissenstypen in Prozesse deliberativer Politikgestaltung und Konfliktbearbeitung ist aus meiner Sicht der Kernpunkt der interdisziplinären Vorgehensweise. Sie stellt die notwendige soziale Innovation dar, die wir in Deutschland, aber auch in anderen Demokratien dieser Welt, dringend benötigen, um mit den vielen irritierenden Entwicklungen in Politik, Wissenschaft und Gesellschaft konstruktiv umzugehen (Michels 2011).

# Zusammenfassung und Ausblick

Ausgangspunkt des Artikels war die Einsicht, dass eine bessere Einbindung wissenschaftlicher Expertise in die Entscheidungsvorbereitung essenziell ist, damit die relevanten Wissensgrundlagen in die Vorbereitung komplexer, kollektiv verbindlicher Entscheidungen einfließen können. Gerade in Zeiten postfaktischer Politikgestaltung kommt dem Dialog zwischen Wissensproduzenten und Wissensabnehmern eine wichtige Rolle zu. Denn die einfache Formel: »Wissen berät Macht« reicht für ein produktives Verhältnis zwischen Wissenschaft und Politik nicht aus. Keineswegs gibt es in Deutschland einen Mangel an wissenschaftlicher Politikberatung. Nach einschlägigen Publikationen sind es mehrere 100 Beratungsgremien, die allein die Bundesregierung und ihre nachgeschalteten Behörden mit wissenschaftlichen Ratschlägen unterstützen.[12] Diese Architektur der Beratung ist aber weitgehend darauf ausgerichtet, Empfehlungen auf der Basis von Expertenwissen zu formulieren und an die politischen Entscheidungsträger weiterzuleiten. Es geht also um Legitimation durch Delegation an Fachgremien oder Expertenteams. Dieses traditionelle Modell der Politikberatung hat sicherlich seine Berechtigung, ist aber in Zeiten komplexer und unsicherer Transformationen wenig zielführend.

Die neuen Formen der deliberativen Politikberatung sind durch die Stichworte »inklusiv« und »integrativ« am besten zu charakterisieren.[13] Inklusiv meint dabei die Einbeziehung vieler Quellen von Wissen und Erkenntnis, integrativ die Notwendigkeit, diese unterschiedlichen Wissensbestände, aber auch deren wertgebundene und interessengeleiteten Interpretationen zu Handlungsoptionen zu verdichten, die gemeinsame Ziele reflektieren, Optionen für die Lösung von Zielkonflikten anbieten und von allen getragene

---

12 Siehe Sievken (2007, S. 23). Die Zahlen schwanken zwischen 248 und knapp 1000. Neuere Zahlen liegen m. E. nicht vor.
13 Siehe dazu unsere Ausführungen in Renn und Schweizer (2009).

Umsetzungsstrategien zur Transformation in eine wünschenswerte Zukunft beinhalten. Beide Ziele, Inklusion und Integration, erfordern eine Synthese der drei hier beschriebenen Wissensformen. Das Systemwissen bringt die systematischen Erkenntnisse über Wirkungen von Politikoptionen ein, das Orientierungswissen umfasst Strategien, um die erwünschten Zielsetzungen zu erreichen oder aufgetretene Probleme konstruktiv anzugehen, und das Transformationswissen im Sinne des katalytischen Verständnisses bereitet die institutionelle Architektur und das kommunikative Design vor, das notwendig ist, um einen verständigungsorientierten Diskurs zwischen den unterschiedlichen Wissensträgern und Anwendern des Wissens erfolgreich führen zu können. Die Synthese dieser drei Wissenstypen in einen integrativen Ansatz des Brückenschlags zwischen Wissen und kollektivem Handeln lässt sich mit dem Begriff der Transdisziplinarität fassen. Transdisziplinäre Ansätze integrieren prozessbezogenes, sachbezogenes und strategiebezogenes Wissen und führen im Idealfall zu einer Handlungsoption oder mehreren Handlungsoptionen, die sachlich überzeugend, argumentativ konsistent, moralisch vertretbar und für alle prinzipiell akzeptierbar sind.

Was bedeutet dies für die Energiepolitik? Wie Umfragen aus dem letzten Jahr nahelegen, ist die deutsche Bevölkerung nach wie vor der Ansicht, dass die Ziele der Energiewende richtig und politisch notwendig sind. Allerdings sind große Teile der Bevölkerung davon überzeugt, dass die Art der Umsetzung der Energiewende viel zu wünschen übrig lässt. Sie erscheint als teuer, chaotisch, unfair und ungerecht.[14] Um diesem negativen Eindruck entgegenzuwirken, wäre es erforderlich, einen nationalen Diskurs im Geist der Transdisziplinarität ins Leben zu rufen, so wie es die Ethik-Kommission 2011 schon gefordert hatte (Ethik-Kommission Sichere Energieversorgung 2011). In diesen Diskurs müssen die disziplinären und interdisziplinären Erkenntnisse der interdisziplinären Wissenschaft über Potenziale, technische Möglichkeiten und wirtschaftliche

---

14  Daten aus Setton et al. (2017).

Opportunitäten und Zwänge ebenso wie zielführende Strategien und Reflektionen mit ihren Wirkungen und Nebenwirkungen einbezogen werden (Orientierungswissen). Beide Wissenselemente müssen dann in einen Prozess integriert werden, der wissenschaftliches Wissen mit dem Erfahrungswissen der beteiligten Gruppen in Einklang bringt und faire Aushandlungen zwischen verschiedenen Interessen und Werten ermöglicht (Umsetzungswissen). Erst in der Synthese aller drei Wissenstypen kann die wissenschaftliche Politik- und Gesellschaftsberatung einen effektiven Beitrag zur Energiewende leisten.

# Literatur

Bergmann, M./Jahn, T./Knobloch, T./Krohn, W./Pohl, C./Schramm, E. (2010): Methoden transdisziplinärer Forschung. Ein Überblick mit Anwendungsbeispielen. Campus: Frankfurt am Main.

Bosch, S./Peyke, G. (2011): Gegenwind für die Erneuerbaren – Räumliche Neuorientierung der Wind-, Solar- und Bioenergie vor dem Hintergrund einer verringerten Akzeptanz sowie zunehmender Flächennutzungskonflikte im ländlichen Raum. Raumforschung und Raumordnung 69(2), S. 105–118.

Brand, U. (2016): »Transformation« as a New Critical Orthodoxy. The Strategic Use of the Term »Transformation« Does not Prevent Multiple Crises. GAIA 25(1), S. 23–27.

Bruhns, H./Keilhacker, M. (2011): »Energiewende«. Wohin führt der Weg? in: Aus Politik und Zeitgeschichte 46–47, S. 22–29.

Buchholz, W./Frank, J./Karl, H. D./Mauch, W./Staudacher, T. (2012): Die Zukunft der Energiemärkte. Ökonomische Analyse und Bewertung von Potenzialen und Handlungsmöglichkeiten. Ifo Forschungsberichte 57, ifo Institut: München.

Edenhofer, O. und Kowarsch, M. (2015): Cartography of Pathways: A New Model for Environmental Policy Assessments. Environmental Science & Policy 51, S. 56–64.

Esfeld, M. (2017): Wissenschaft, Erkenntnis und ihre Grenzen. Spektrum der Wissenschaft 8, 19.07.2017. http://www.spektrum.de/magazin/wissenschaft-erkenntnis-und-ihre-grenzen/1478201 (abgerufen: 03.10.2018).

Ethik-Kommission Sichere Energieversorgung (2011): Deutschlands Energiewende. Ein Gemeinschaftswerk für die Zukunft. Endbericht. Berlin.

Hennecke, P./Fischedick, M. (2007): Erneuerbare Energien. Mit Energieeffizienz zur Energiewende. Beck: München.

Hirsch Hadorn, G. (2005): Anforderungen an eine Methodologie transdisziplinärer Forschung. In: Technikfolgenabschätzung – Theorie und Praxis 14(2), S. 44–49.

Hirsch Hadorn, G./Biber-Klemm, S./Grossenbacher-Mansuy, W./Hoffmann-Riem, H./Joye, D./Pohl, C./Wiesmann, U./Zemp, E. (2008): The Emergence of Transdisciplinarity as a Form of Research. In: G. Hirsch Hadorn, H./Hoffmann-Riem, S./Biber-Klemm, W./Grossenbacher-Mansuy, D./Joye, C./Pohl, U./Wiesmann/Zemp, E. (Hrsg.): Handbook of Transdisciplinary Research. Springer: Berlin, S. 19–42.

Jahn, T. (2008): Transdisziplinäre Forschung: Integrative Forschungsprozesse verstehen und bewerten. Campus: Frankfurt am Main.

Kaufmann-Hayoz, R./Defila, R./Di Giulio, A./Winkelmann, M. (2016): Was man sich erhoffen darf – Zur gesellschaftlichen Wirkung transdisziplinärer Forschung. In: Defila, R./Di Giulio, A. (Hrsg.): Transdisziplinär forschen – zwischen Ideal und gelebter Praxis. Hotspots, Geschichten, Wirkungen. Campus: Frankfurt am Main, S. 289–327.

Lang, D./Rode, H./von Wehrden, H. (2014): Methoden und Methodologie in den Nachhaltigkeitswissenschaften. In: Heinrichs, H./Michelsen, G. (Hrsg.): Nachhaltigkeitswissenschaften. Springer: Berlin, S. 115–135.

Leopoldina – Nationale Akademie der Wissenschaften/acatech – Deutsche Akademie der Technikwissenschaften/Berlin-Brandenburgische Akademie der Wissenschaften (für die Union der deutschen Akademien der Wissenschaften) (2009): Konzept für ein integriertes Energieforschungsprogramm für Deutschland. Deutsche Akademien: Halle/Saale.

Loorbach, D./Rotmans, J. (2010): The Practice of Transition Management: Examples and Lessons from Four Case Studies. Futures 42(3), S. 25–43.

McIntyre, L. (2017): Post-Truth. MIT Press: Boston.

Michels, A. (2011): Innovations in Democratic Governance: How Does Citizen Participation Contribute to a Better Democracy? International Review of Administrative Sciences 77(2), S. 275–293.

Nanz, P./Renn, O./Lawrence, M. (2017): Der transdisziplinäre Ansatz des Institute for Advanced Sustainability Studies (IASS): Konzept und Umsetzung. GAIA 26(3), S. 293–296.

Pahle, M./Knopf, B./Edenhofer, O. (2012): Die deutsche Energiewende: gesellschaftliches Experiment und sozialer Lernprozess. GAIA 21(4), S. 284–287

Pohl, C./Hirsch Hadorn, G. (2006): Gestaltungsprinzipien für die transdisziplinäre Forschung. Oekom Verlag: München.

Reisch, L./Sunstein, C. (2016): Do Europeans Like Nudges? Judgment and Decision Making 11(4), S. 310–325.

Renn, O. (2009): Integriertes Risikomanagement als Beitrag zu einer nachhaltigen Entwicklung. In: Popp, R./Schüll, E. (Hrsg.): Zukunftsforschung und Zukunftsgestaltung: Beiträge aus Wissenschaft und Praxis. Springer: Berlin, S. 553–568.

Renn, O. (2015): Aspekte der Energiewende aus sozialwissenschaftlicher Perspektive (Schriftenreihe Energiesysteme der Zukunft). Nationale Akademien: Berlin.

Renn, O. (2017): Zeit der Verunsicherung. Rowohlt: Hamburg.

Renn, O./Schweizer, P. (2009): Inclusive Risk Governance: Concepts and Application to Environmental Policy Making. Environmental Policy and Governance 19, S. 174–185.

Schweizer-Ries, P./Hildebrand, J./Rau, I. (2013): Klimaschutz & Energienachhaltigkeit 2013: Die Energiewende als sozialwissenschaftliche Herausforderung. Universitätsverlag des Saarlandes: Saarbrücken.

Setton, D./Matuschke, I./Renn, O. (2017): Soziales Nachhaltigkeitsbarometer der Energiewende 2017: Kernaussagen und Zusammenfassung der wesentlichen Ergebnisse. Institute for Advanced Sustainability Studies: Potsdam, DOI: http://doi.org/10.2312/iass.2017.019.

Setton, D./Renn, O. (2018): Deutsche wollen mehr Kostengerechtigkeit und Bürgernähe bei der Energiewende. Energiewirtschaftliche Tagesfragen 1/2, S. 27–31.

Sievken, S. (2007): Expertenkommissionen im politischen Prozess. VS Verlag: Wiesbaden.

Stauffacher, M./Flüeler, T./Krütli, P./Scholz, R. W. (2008): Analytic and Dynamic Approach to Collaboration: A Transdisciplinary Case Study on Sustainable Landscape Development in a Swiss Prealpine Region. Systemic Practice and Action Research 21(6), S. 409–422.

Vilsmaier, U./Lang, D. (2014): Transdisziplinäre Forschung. In: Heinrichs, H./Michelsen, G. (Hrsg.): Nachhaltigkeitswissenschaften. Springer: Berlin, S. 87–114.

Wiek, A. (2007): Challenges of Transdisciplinary Research as Interactive Knowledge Generation: Experiences from Transdisciplinary Case Study Research. GAIA 16(1), S. 52–57.

Witmayer, J. N./Schäpke, N. (2014): Action, Research and Participation: Roles of Researchers in Sustainability Transitions. Sustainability Science 9(4), S. 483–496.

# Energiewissen, Wissenspolitik und Energietransformationen

Thomas Pfister

## 1 Energie, Nachhaltigkeit, Transformation und Wissen

Nachhaltigkeit ist seit über drei Jahrzehnten fester Bestandteil der globalen normativen Ordnung. Die grundlegende Transformation fossil-nuklearer Energiesysteme sowie die Eindämmung der immensen Verbräuche in modernen Hochenergiegesellschaften wird in diesem Zusammenhang als eine zentrale Herausforderung auf dem Weg zu einer – wie auch immer konkret beschaffenen – nachhaltigeren Welt dargestellt (z. B. WBGU 2011). Gleichzeitig stehen den Erfolgen auf dem Gebiet der Nachhaltigkeit eine Reihe an Umwelt- und sozialen Problemen gegenüber, die wesentlich dynamischer zu wachsen scheinen als die Versuche, diese zu bekämpfen. In vielen Teilen der Welt lassen sich unzählige Versuche beobachten, vorhandene Energiesysteme v. a. durch die Einführung erneuerbarer Energien nachhaltiger zu machen. Eine zentrale Problemlage ergibt sich dabei aus der vielschichtigen und hybriden Natur von Energiesystemen, die nicht nur aus Energieträgern (wie Kohle, Gas, Uran, Wind oder Sonne), Kraftwerken und Leitungen bestehen – sondern eben auch aus etlichen weiteren Institutionen, Infrastrukturen und Akteuren, wie Energiemärkten, Regulierungsrahmen, Verbrauchsmustern von Haushalten und nicht zuletzt die gewaltige Zahl an Menschen, die als Energiefachleute in den unterschiedlichen Teilen der Energiesysteme arbeiten. Schließlich sind Energiesysteme stets auch eingebettet in umfassendere Ordnungen und Identitäten, die ihnen jeweils bestimmte Werte und Aufgaben zuweisen. So ist Atomenergie nicht nur ein neutrales Mittel zur Deckung von Energienachfrage, sondern zugleich ein immens starkes Symbol technischer Leistungsfähigkeit und Modernisierung (siehe hierzu Pfister und Schweighofer 2018). Vor dem Hintergrund solch einer komplexen, soziotechnischen Vorstellung von Energiesystemen bemerken Miller, Iles und Jones über die Umstellung von Energiesystemen auf erneuerbare Energien: »[...] the challenge is not simply what fuel to use but how to organize a new energy system around that fuel.« (Miller et al. 2013, S. 139). Diese Herausforderung beinhaltet die grundlegende Frage, ob dies überhaupt möglich ist, die vielen hochkomplexen technischen Probleme und Aufgaben, die zwangsläufig im Laufe der Umsetzung auftreten sowie die vielen unbeabsichtigten Konsequenzen und Nebenfolgen dieser Umsetzungsversuche. Alle diesbezüglichen Fragestellungen sind nicht ohne detailliertes Wissen über gegenwärtige und zukünftig mögliche Energiesysteme zu beantworten. Daher beschreiben Miller, Iles und Jones *Energy Epistemics* bzw. *Energiewissen* als ein zentrales Element eines jeden Energiesystems. Sie betonen dadurch, dass es sich bei diesem Wissen nicht allein um das technische disziplinäre Wissen, z. B. von Elektroingenieuren, handelt, sondern um eine umfassendere Wissensordnung, die unter anderem durch folgende Fragen umrissen werden kann:

*„Who knows about energy systems, what and how do they know, and whose knowledge counts in governing and reshaping energy futures? (Miller et al. 2013, S. 137).*

In Bezug auf den Umbau von Energiesystemen heißt dies, dass Interventionen in dieser Dimension des Energiewissens von zentraler Bedeutung für alle Versuche sind, ein Energiesystem grundlegend zu transformieren oder nachhaltiger zu machen. Dieser Beitrag erhebt keinen Anspruch, eine Lösung zu entwickeln. Vielmehr betrachtet er aus einer distanzierteren Perspektive auf Energiewissen, wie derartige Vorstellungen einer grundlegenden Transformation moderner Hochenergiegesellschaften verhandelt und charakterisiert werden können. Zu diesem Zweck werden im zweiten Abschnitt drei unterschiedliche Konzeptionen nachhaltiger Energie als zentrale Elemente von Energiewissen diskutiert: 1. die ökomodernistische Konzeption auf der Basis von Hoch- und v. a. Nukleartechnologie; 2. die Konzeption eines Energiesystems, das auf einem Atomausstieg und auf erneuerbaren Energietechnologien basiert und auch in der Konzeption der deutschen Energiewende zum Ausdruck kommt; 3. *Energieautonomie* als eine Konzeption, die nicht allein auf die Nachhaltigkeit von Energieversorgung und Verbrauch abzielt, sondern diese Transformation als Möglichkeit eines wesentlich radikaleren gesellschaftlichen Wandels sieht. Da sich diese unterschiedlichen Vorstellungen nicht durch rationale oder objektive Argumente vereinen lassen, konstituiert sich zwischen ihnen ein politischer Raum, der sich weniger entlang klassischer politischer Polarisierungen als vielmehr entlang unterschiedlicher Wissensbestände strukturiert. Das Ringen darum, welche (Energie-)Wissensbasis einem zukünftigen nachhaltigen Energiesystem zugrunde gelegt werden soll, ist somit nicht nur ein zentraler, sondern auch ein essentiell politischer Prozess im Kern jeder Energietransformation. Daher greift die Schlussfolgerung den Aspekt der Wissenspolitik im Kontext moderner Hochtechnologiegesellschaften noch einmal explizit auf.

# 2 Konzeptionen nachhaltiger Energie

Ein zentraler Aspekt der Suche nach nachhaltigeren Energiesystemen liegt in der Bestimmung des Ziels. Mit anderen Worten geht es darum zu klären, welche Formen der Energieerzeugung und des Energieverbrauchs als nachhaltig angesehen werden können. Es besteht ein breiter Konsens, dass die Transformation bestehender Energiesysteme eine Schlüsselvoraussetzung ist, wenn gegenwärtige industrialisierte Gesellschaften nachhaltiger werden sollen (WBGU 2011). Über die spezifischen Ziele und Methoden, wie eine solche Transformation erreicht werden könnte, besteht allerdings keineswegs Einigkeit. Im Folgenden werden daher aus der Vielzahl von Konzeptionen und Herangehensweisen drei näher vorgestellt. Die Auswahl beschränkt sich auf Konzeptionen, die explizit eine Transformation, d. h. einen grundlegenden strukturellen Umbau des Energiesystems und der Gesellschaft, in das es eingebettet ist, anstreben. Keine der drei vorgestellten Perspektiven verharmlost den Klimawandel und jede hält radikale Veränderungen notwendig, um Nachhaltigkeit durchzusetzen. Natürlich ist die hier getroffene Auswahl keineswegs eine erschöpfende Darstellung der tatsächlich vorhandenen Perspektiven. Sie reicht aber durchaus, um die zentralen Anliegen dieses Beitrags deutlich zu machen.

Theoretisch begründet sich der Fokus auf Konzeptionen nachhaltiger Energie zum einen in der Betonung der Wichtigkeit von Zielen und Visionen als mobilisierende und legitimierende Schlüsselfaktoren von Nachhaltigkeitstransformationen (z. B. Smith et al. 2010) wie auch in Erkenntnissen über die Werte, Aufgaben und Hoffnungen, die Energiesystemen, ihren Technologien und Organisationsformen in umfassenderen Analysen gesellschaftlicher Ordnungen zugeschrieben werden (z. B. Hecht 2009; Hughes 1983; Jasanoff und Kim 2009; Pfister und Schweighofer, 2018).

Die Darstellung zeigt zum einen, dass jenes Handeln, das darauf abzielen soll, neue Werte und Ziele, neue Institutionen und Technologien in ein bestehendes Energiesystem einzuschreiben, ohne Interventionen in der Wissensdimension von Energie nicht planbar, verhandelbar oder legitimierbar sind. Zum anderen wird deutlich, dass die Ziele und Lösungswege, die für ein nachhaltigeres Energiesystem zur Auswahl stehen, keineswegs nur durch den Verweis auf die Befriedigung von Nachfrage oder auf Umweltthemen wie den Klimawandel legitimiert werden können.

## 2.1 Entkopplung und Nukleare Klimapolitik

Die erste Konzeption auf nachhaltige Energie zeichnet sich zum einen dadurch aus, dass sie den Klimawandel als ein großes, dringendes und dynamisches Problem versteht, das nach radikalen, schnell und großflächig umsetzbaren Lösungen verlangt. Deshalb betont sie sogenannte saubere Technologien (clean tech), darunter vor allem die Kernenergie. Gleichzeitig ist es auf keinen Fall eine Gegenposition zu umweltpolitischem Aktivismus, mit der sie den Anspruch teilt, die Gesellschaft und ihren ökologischen Fußabdruck grundlegend zu verändern. Allerdings unterscheidet sich diese Konzeption erheblich von der klassischen Umweltbewegung in der Wahl der Mittel und in der angestrebten Gesellschaftsvision. Zu finden ist sie eher in Großbritannien und den Vereinigten Staaten, während sie in Deutschland lediglich in Nischen existiert.

Zum Beispiel legitimierte die Regierung des Vereinigten Königreichs den Neubau eines Reaktors in Hinkley Point als signifikanten Schritt zu einem $CO_2$-armen Energiesystem und zur kosteneffizienten Umsetzung der nationalen Klimaziele.[1] Zudem sieht ihre Nuklearstrategie den Bau von zwölf neuen Reaktoren mit einer Gesamtleistung von 16 Gigawatt bis zum Jahr 2030 vor. Der nukleare Optimismus der britischen Regierung könnte natürlich auch anders erklärt werden, z. B. mit der Macht industrieller Akteure, durch sicherheitspolitisch-militärische Interessen oder mit der Angst der Regierung, ihrer Wählerschaft unpopuläre Einschnitte in der Energieversorgung zuzumuten. Daher wird die Betrachtung auch wesentlich spannender, wenn man den Fokus auf Akteure lenkt, die die Bekämpfung des Klimawandels, die Durchsetzung nachhaltiger Entwicklung und die Realisierung nachhaltiger Energiesysteme an der Spitze ihrer jeweiligen Agenda stehen haben und die zu weit weniger politischen Kompromissen bereit sind.

So macht sich etwa der britische Journalist und Umweltaktivist George Monbiot vehement für die Nutzung von Nuklearenergie stark, um der seiner

---

1   Siehe https://www.gov.uk/government/collections/hinkley-point-c.

Ansicht nach wesentlich größeren und dringenderen Bedrohung des Klimawandels (»runaway climate change«) Einhalt zu gebieten.[2] Ausgerechnet das Reaktorunglück im japanischen Fukushima beschrieb er als Schlüsselerlebnis, das ihn von der Notwendigkeit nuklearer Energieerzeugung überzeugt hätte. Er bekräftigt zudem kontinuierlich seine Unterstützung für erneuerbare Energien wie auch seine grundlegende Opposition gegenüber der Atomindustrie und gegenüber jeglicher militärischen Nutzung dieser Technologie. Allerdings überwiegt für ihn der immense Schaden, der durch fossile Brennstoffe, v. a. durch Kohle entsteht, die Probleme und Risiken nuklearer Energie bei weitem.

»I despise and fear the nuclear industry as much as any other green: all experience hath shown that, in most countries, the companies running it are a corner-cutting bunch of scumbags, whose business originated as a by-product of nuclear weapons manufacture. But, sound as the roots of the anti-nuclear movement are, we cannot allow historical sentiment to shield us from the bigger picture. Even when nuclear power plants go horribly wrong, they do less damage to the planet and its people than coal-burning stations operating normally (Monbiot 2011)«.

Natürlich stieß diese Ansicht gerade innerhalb der britischen Umwelt- und Anti-Atombewegung auf erheblichen Widerspruch. Im Jahr 2012 erreichte diese Debatte auch den damaligen britischen Premierminister David Cameron, als er unterschiedliche offene Briefe von Umweltaktivisten enthielt, die sich gegen und für die Nuklearenergie aussprachen. Auf der einen Seite befanden sich vier frühere Direktoren von Friends of the Earth, auf der anderen Monbiot und vier weitere Umweltaktivisten, die der Aufforderung, die Atomkraft einzustellen, heftig widersprachen (Monbiot et al. 2012).

---

2　Eine umfassende Zusammenstellung von Texten und Korrespondenzen findet sich auf Monbiots persönlicher Website http://www.monbiot.com. Die meisten Texte mit dem Stichwort „nuclear" wurden in den Jahren von 2011 bis 2013 geschrieben.

Grundsätzlich rahmt Monbiot alle Argumente für nukleare Energieerzeugung immer als Argumente für das kleinere Übel. Das eigentliche Problem ist aus seiner Sicht die Verstromung fossiler Energieträger, v. a. von Kohle, der gerade bei einem Ausstieg aus der Nuklearenergie immens ansteigen würde. Die Konsequenzen in Bezug auf den Klimawandel aber auch in Bezug auf die öffentliche Gesundheit wären seiner Ansicht nach dramatisch und unumkehrbar. Gleichzeitig liegt im hohen Energiebedarf der britischen Gesellschaft auch der Grund für Monbiots Skepsis gegenüber einer allein auf regenerativen Energieträgern basierenden Vision nachhaltiger Energie. Selbst wenn er zustimmt, dass der britische Energiebedarf theoretisch aus erneuerbaren Energien gedeckt werden könne, sieht er immense Hindernisse für den Aufbau erneuerbarer Kapazitäten. So befürchtet er, dass die flächenintensiven erneuerbaren Energietechnologien mit zunehmendem Ausbau auch auf zunehmenden Widerstand in der Bevölkerung stoßen.

Allerdings argumentieren die eingeschränkt pro-nuklearen Umweltaktivisten für eine komplett andere Atomenergie. Zum Beispiel äußern sie starke Kritik am Uranverbrauch der in Hinkley Point C geplanten Druckwasserreaktoren. Als Alternative schlagen sie v. a. sogenannte Schnelle Brüter vor, da diese mit verbrauchten Brennstoffen aus herkömmlichen Leichtwasserreaktoren (auch Plutonium) genutzt werden könnten. Darüber hinaus kritisiert Monbiot das Finanzierungsmodell für den Bau und den späteren Betrieb von Hinkley Point C (ein für 35 Jahre garantierter Abnahmepreis). Und schließlich kritisiert er den Planungsprozess dieses Kraftwerks als so fehlerhaft und undemokratisch, dass er sich trotz seiner vehementen Verteidigung der Atomkraft ebenso vehement gegen das aktuellste britische Kraftwerksprojekt ausspricht (Monbiot 2015).

Zusammengefasst ist Monbiots Perspektive durch einen erheblichen Zwiespalt charakterisiert: Auf der einen Seite steht der Umweltaktivist (bzw. eine lose Gruppe von Aktivisten und Aktivistinnen), der regelrecht erschrocken zu sein scheint, dass er im Kontext des Klimawandels zu einem Verteidiger der Atomenergie geworden ist und sich in der Folge aus Gründen des Klima-schutzes in intensive Auseinandersetzungen mit früheren Mitstreitern und Mitstreiterinnen begibt. Ebenso zwiespältig ist diese Haltung auf der anderen Seite, da Monbiot zwar für die absolute Notwendigkeit von Atomenergie für ein nachhaltiges Energiesystem argumentiert, sich aber zugleich grundsätzlich gegen die Atomindustrie und fast jeden Aspekt britischer Atomenergiepolitik ausspricht.

Aufgrund dieses Zwiespalts wird im Folgenden noch die Stimme des kali-fornischen *Breakthrough Institute* gehört, dass dieser nuklearen Konzeption nachhaltiger Energie ein positives Fundament gegeben hat. Das Institut ist ein Think Tank, der sich explizit der Suche nach technologischen Lösungen für gegenwärtige Umweltprobleme und Herausforderungen in Bezug auf mensch-liche und gesellschaftliche Entwicklung (*»human development«*) verschrieben hat.[3] Neben einem vergleichbar kleinen Stab an festen Mitarbeitern und Mitar-beiterinnen profitiert das Breakthrough Institute vor allem von einem weit rei-chenden Netzwerk an Fellows, das auch international etablierte Personen aus Wissenschaft und Wirtschaft wie den Wirtschaftssoziologen Fred Block oder den Physik-Nobelpreisträger Burton Richter versammelt. Inhaltlich hat das Breakthrough Institute jegliche Zweifel, die Monbiot noch zu quälen scheinen, abgelegt und seiner Perspektive mit dem Konzept des Ökomodernismus (*ecomodernism*) eine explizite wie selbstbewusste Überschrift gegeben. So stellt der Bruch mit der traditionellen Umweltbewegungen einen zentralen Impuls der Institutsgründer Ted Nordhaus und Michael Shellenberger dar – nicht weil die Ziele und Werte der Umweltbewegung falsch wären, sondern weil sie (mit ihrem Fokus auf rechtliche Regulierung) über die letzten Jahrzehnte ver-sagt habe, effektive Instrumente gegen die immer explosiveren Bedrohungen der Umwelt zu entwickeln (Shellenberger und Nordhaus 2004). Stattdessen fordern sie eine *pragmatische* Umwelt- und Klimapolitik, die sich nicht in

---

3  https://thebreakthrough.org/about/mission/

Wertedebatten und tiefgreifenden Polaritäten der US-Gesellschaft verliert. Sie fordern eine klimaorientierte Innovations- und Wachstumsstrategie, die sich auf den Energiebereich, aber auch auf Biotechnologie, Landwirtschaft und Städtebau konzentriert. Im Energiebereich plädiert das Institut für eine Konzentration auf Atomkraft, um der immensen Gefahr durch Kohleverbrennung entgegenzuwirken. Zum anderen beruht diese pragmatische Strategie auf einer Re-Fokussierung von Umwelt- und Klimapolitik auf soziale Ziele (Atkinson et al. 2011; Hayward et al. 2010). Statt Wertkonflikten um Umwelt und Wirtschaft oder Debatten über die Relevanz des anthropogenen Klimawandels soll politische Legitimität durch klimafreundliches Wohlstandswachstum und soziale Gerechtigkeit erreicht werden.

Insgesamt geht es dem Institut aber nicht nur um die Unterstützung und Bewertung technologischer Lösungen von Umwelt- und Klimaproblemen, sondern genauso um den grundsätzlichen Umbau der US-amerikanischen und der Weltwirtschaft. Hierfür wenden sich die Autoren und Autorinnen des Breakthrough Institutes auch explizit – und weniger pragmatisch – gegen die gegenwärtige Dominanz des freien Marktliberalismus, da sie hinter den wegweisenden Investitionen und Innovationen stets den Staat sehen.

Die markanteste Formulierung dieser ökomodernistischen Perspektive findet sich in einem gleichnamigen Manifest (Asafu-Adjaye et al. 2015). Darin wird die Vision einer globalen stark technisierten Hochenergiegesellschaft im Anthropozän entworfen, deren hoher Lebensstandard jedoch wesentlich geringere negative Einflüsse auf die globalen Ökosysteme und das globale Klima hat. Diese Gesellschaft lebt in Großstädten, um der Natur möglichst viel Raum zu lassen, sie ernährt sich durch eine hochtechnisierte Agrarindustrie (inklusive Gentechnik) und nutzt die modernste Nukleartechnologie für eine effiziente Energieversorgung. Erneuerbare Energien passen dagegen vor allem aufgrund des hohen Flächenverbrauchs (bzw. ihrer niedrigen *Energiedichte*) kaum in dieses Schema.

»*The ethical and pragmatic path toward a just and sustainable global energy economy requires that human beings transition as rapidly as possible to energy sources that are cheap, clean, dense, and abundant.*« (*Asafu-Adjaye et al. 2015, S. 24*)

Das zentrale Ziel ist somit die sogenannte Entkopplung von Wohlstand und Umweltzerstörung, die auch typisch für andere Perspektiven ökologischer Modernisierung ist (siehe Mol 2009). Ökomodernismus unterscheidet sich von diesen aber gleichzeitig durch seine wesentlich radikalere Herangehensweise an die gesellschaftlichen Grundlagen der modernen Welt. Statt lediglich auf Modernisierung durch neue Technologien zu setzen, verficht der Ökomodernismus des Breakthrough Institutes einen ebenso dringenden Umbau sämtlicher gesellschaftlicher Institutionen – letztlich die Modernisierung der Moderne an sich.

## 2.2 Ausstieg in die Erneuerbaren

Die Standpunkte der nächsten Konzeption nachhaltiger Energie mögen vor einem knappen Jahrzehnt als radikale und stark idealisierte Vorstellungen gewirkt haben. Nach dem ersten Versuch eines Atomausstiegs und der Dreifachkatastrophe im japanischen Fukushima erlangte diese Perspektive in Deutschland allerdings praktische Wirksamkeit als Leitvorstellung der Energiewende. Zugleich muss nach den letzten Überarbeitungen des Erneuerbare-Energien-Gesetzes (EEG) sowie dem deutlichen Verfehlen der Klimaschutzziele der Bunderegierung gefragt werden, wie Energiewissen und politisches Handeln ineinandergreifen.

Das Freiburger Ökoinstitut beansprucht für sich, den Begriff der ›Energiewende‹ bereits 1980 in einer Studie geprägt zu haben (Krause et al. 1980). In erster Linie ging es zu dieser Zeit vor allem darum, die Möglichkeit einer Beendigung nuklearer Energieerzeugung zu belegen. Der heimischen Kohle wurde allerdings noch eine tragende Rolle als Energieträger zugestanden. Zumindest im deutschen Kontext ist die Kritik an der Atomkraft auch das zentrale Element und die zentrale Motivation, über alternative Energieperspektiven nachzudenken. Aus der Umwelt- und Anti-Atombewegung und vor allem den unterschiedlichen unabhängigen ökologischen Forschungsinstituten ist diese Perspektive nach dem Erdbeben-, Tsunami- und Reaktorunglück von Fukushima im März 2011 schrittweise zur dominanten Leitidee für die deutsche Energiepolitik und die Energiewende zum nationalen Transformationsprojekt geworden. Diese neue Qualität ist z. B. Bestandteil im Abschlussbericht der Ethik-Kommission *Sichere Energieversorgung*, der Ende Mai desselben Jahres vorgelegt wurde (Bundesregierung 2011).

*„Der Ausstieg ist nötig und wird empfohlen, um Risiken, die von der Kernkraft in Deutschland ausgehen, in Zukunft auszuschließen. Er ist möglich, weil es risikoärmere Alternativen gibt. Der Ausstieg soll so gestaltet werden, dass die Wettbewerbsfähigkeit der Industrie und des Wirtschaftsstandortes nicht gefährdet wird. Durch Wissenschaft und Forschung, technologische Entwicklungen sowie die unternehmerische Initiative zur Entwicklung neuer Geschäftsmodelle einer nachhaltigen Wirtschaft verfügt Deutschland über Alternativen: Stromerzeugung aus Wind, Sonne, Wasser, Geothermie, Biomasse, die effizientere Nutzung und gesteigerte Produktivität von Energie sowie klimagerecht eingesetzte fossile Energieträger. Auch veränderte Lebensstile der Menschen helfen Energie einzusparen, wenn diese die Natur respektieren und als Grundlage der Schöpfung erhalten. (Bundesregierung 2011, S. 10 f.)*

Der Ton des Berichts ist dabei ebenfalls optimistisch. Die deutsche Wirtschaft, Wissenschaft und Bevölkerung seien auf dem Weg zu einem nachhaltigeren Energiesystem schon sehr weit fortgeschritten. Sie hätten auf jeden Fall die Kapazitäten (v. a. zu Innovationsleistungen), diesen durchgreifenden Transformationsprozess nicht unter Zwang, sondern gewinnbringend zu meistern.

Vor diesem Hintergrund bezeichnet der Bericht die Energiewende auch als *Gemeinschaftswerk* und spricht so einer wesentlich größeren Bandbreite an Agenten die Verantwortung daran zu.

*»Die Ethik-Kommission formuliert die Ergebnisse ihrer Erörterungen als Leitgedanken. Sie legt ihr Ergebnis in die Verantwortung der Menschen, die Entscheidungen zur Energiewende zu treffen haben. Im Fokus stehen Parlamente und Regierungen von Bund, Ländern und Kommunen. Auch die Unternehmen in Industrie, Handel, Finanzdienstleistung und im Handwerk, die Stiftungen und gemeinnützigen Einrichtungen spielen an vielen Stellen eine entscheidende Rolle. Der Erfolg der Energiewende hängt aber nicht zuletzt ebenso von den individuellen Entscheidungen der Bürgerinnen und Bürger ab.« (Bundesregierung 2011, S. 37)*

Wenn somit die kollektive Verantwortung und Kompetenz zur Realisierung dieses Gemeinschaftswerks der gesamten Gesellschaft übertragen wird, begründet die Ethik-Kommission dies zum einen mit der unabsehbaren Zahl an Zielkonflikten, die unweigerlich mit einem derart umfassenden Transformationsprozess einhergehen müssen. Diese können nicht durch wissenschaftliche Untersuchungen oder neue Technologien, sondern nur in der demokratischen politischen Auseinandersetzung gelöst werden. Die Bürgerinnen und Bürger müssen in das zu schaffende nachhaltige Energiesystem der nahen Zukunft nicht lediglich als Konsumenten eingebunden sein, sondern aktiv an jenen politischen Entscheidungen teilhaben, aus denen jenes dann auch seine Legitimität bezieht. Zum anderen wird das Potenzial der Bürgerinnen und Bürger betont, als aktive Koproduzentinnen und Koproduzenten an der Energieproduktion und Effizienzsteigerungen teilzunehmen. In beiden Punkten unterscheidet sich diese Perspektive ziemlich deutlich vom technikfokussierten und elitären Pragmatismus des *Breakthrough Institutes*, der gerade diese grundlegenden politischen Debatten umschiffen will. So diskutierte die Ethik-Kommission die Risiken der Atomenergie auch nicht in technischen Begriffen, sondern betonte, dass sich die öffentliche Einschätzung dieser Risiken mit Fukushima geändert hätte und es schlicht keinen gesellschaftlichen Konsens mehr für die Kernenergie gäbe.

Entscheidend aus der Sicht dieses Beitrags ist, dass die Ethik-Kommission keineswegs nur normativ-moralisch argumentiert, sondern ihr Urteil auf eine Vielzahl von Studien und Daten stützt, die allerdings zumeist in die Fußnoten des Berichts verbannt sind. Angesichts ihres Mandats musste sie zumindest glaubhaft darlegen, welche Kapazitäten nuklearer Stromproduktion sofort abgeschaltet werden, wie später abzuschaltende Kapazitäten ersetzt werden könnten und ob eine Zielvorgabe eines Anteils von 80 % erneuerbarer Energien grundsätzlich realistisch sei. Auch die Kosten der unterschiedlichen Optionen müssen in solch einem Bericht berücksichtigt und auf einer realistischen Datenbasis modelliert werden.

Die Einschätzung der Ethikkommission wird im selben Jahr auch vom Wissenschaftlichen Beirat der Bundesregierung für globale Umweltveränderungen (WBGU) geteilt. In einem bis heute vielzitierten Hauptgutachten stellt der WBGU den globalen Energiesektor als einen Hauptverursacher des Klimawandels und damit verbundener Nachhaltigkeitsprobleme dar (WBGU 2011). Das Gutachten lehnt nukleare Lösungen genauso ab wie die Ethik-Kommission und entwickelt sogar die Vision einer *globalen* erneuerbaren Energieversorgung. Auch wenn diese Konzeption hier unmöglich auf ihre Praktikabilität untersucht werden kann, wird doch ein weiterer wichtiger Unterschied zur ökomodernistischen Perspektive sichtbar. Gerade die langfristige Vision globaler Energieversorgung aus Erneuerbaren macht deutlich, dass dies nur möglich wäre, wenn der globale Energieverbrauch erheblich zurückgehen würde (WBGU 2011).

Es wurde bereits gesagt, dass diese zweite Perspektive tatsächlich zum Leitbild der deutschen Energiewende wurde. Zu diesem Zweck muss eine Energievision auch in Institutionen, Praktiken und Rechtsakte übersetzt werden. Das zentrale Instrument zur Förderung nachhaltiger Energie in Deutschland ist das Gesetz für den Ausbau erneuerbarer Energien (EEG), dessen erste Fassung schon im Jahr 2000 verabschiedet wurde. Das Gesetz hat in der Folge signifikante Veränderungen erfahren. Mit einer grundlegenden Revision im Jahre 2012 wurden in diesem Gesetz die ambitionierten Ausbauziele der Bundesregierung (z. B. von 80 % erneuerbarer Stromversorgung bis 2015) rechtlich verankert. Zur Umsetzung dieser Ziele sah das Gesetz lange einen möglichst breiten Ausbau der Stromgewinnung aus erneuerbaren Energiequellen vor, indem es Anreize in Form einer Einspeisungsvergütung schuf, die nicht nur etablierten Energieunternehmen, sondern auch sehr kleinen Produzenten und Produzentinnen, z. B. mit einer PV-Anlage auf dem Privathaus oder im Rahmen einer Energiegenossenschaft zukam. Während der Ausbau von Erzeugungskapazitäten – ein ganz zentrales Ziel auf dem Weg zu einem nicht-nuklearen nachhaltigen Energiesystem – auf diese Weise schneller vonstatten ging als erwartet, bereitete diese Dynamik auch den Boden für alte und neuere Widerstände. Ein älteres Argument, das vor einem zu schnellen Ausbau erneuerbarer Energien warnt, argumentiert damit, dass die Stromnetze ohne groß angelegte Speichermöglichkeiten und Leitungen von den Küsten in Norddeutschland nach Süden weder auf die Volatilität noch auf die geografisch ungleiche Verteilung erneuerbarer Energiequellen eingestellt seien. Dazu kommen neuere Vorbehalte, z. B. gegenüber Windkraftanlagen[4] und vor allem gegenüber der Preisentwicklung. Mit dem unerwartet schnellen Ausbau der Stromproduktion aus erneuerbaren Energieträgern stiegen entsprechend auch die Ausgaben für die ausbezahlten Einspeisevergütungen und die sogenannte EEG-Umlage, über die diese Kosten gegenfinanziert werden. Obwohl es sich bei dieser Umlage um ein sehr komplexes Instrument handelt (Loreck 2017) und obwohl erneuerbare Energie in anderen Ländern als sehr preiswert beurteilt wird,[5] hat sich in der deutschen

---

4 So wurden 2014 in Bayern extreme hohe Hürden für die Errichtung neuer Windkraftanlagen geschaffen, die nur noch genehmigt werden, wenn ihr Abstand zur nächsten Wohnbebauung mindestens die zehnfache Anlagenhöhe beträgt.
5 Siehe https://www.theguardian.com/uk-news/2018/jul/10/nuclear-renewables-are-better-bet-ministers-told (25.7.2018).

Debatte oft der Eindruck durchgesetzt, dass erneuerbare Energie teurer sei als konventionelle fossile Energie. Infolge dieser Auseinandersetzungen um das EEG wurden nicht nur die Höhe der Einspeisevergütung über die Jahre immer weiter zurückgeschraubt, sondern auch die Praxis der breiten Förderung aller Stromproduktion aus erneuerbaren Energien durch ein rigideres Ausschreibungsmodell ersetzt.

In dieser stark verkürzten Darstellung sollte vor allem deutlich gemacht werden, dass eine bestimmte Idealvorstellung von nachhaltiger Energie sich keineswegs kausal auf politische Prozesse oder gar das globale Klima auswirkt. Insofern sollte das EEG auf keinen Fall als rechtliche Artikulation einer einzigen Vorstellung nachhaltiger Energie missverstanden werden. Stattdessen ist es die zentrale Projektionsfläche für die unterschiedlichsten Vorstellungen davon, wie schnell und auf welche Weise die Energiewende in Deutschland umgesetzt werden soll. Die zunehmende Instabilität und Aufweichung dieser Perspektive ergibt sich nicht zuletzt auch aus ihrem Erfolg. Durch das Einschreiben dieser Energiekonzeption in den rechtlichen Rahmen des EEG rückte diese Perspektive nicht nur in das Zentrum der Debatte, sondern es wurde auch für alle Akteure im Bereich des deutschen Energiesystems und der Energiewende zwingend, sich mit dieser Perspektive auseinanderzusetzen. Da die Debatte um Ziele, Effekte und Weiterentwicklung des EEG nur begrenzte politische Mobilisierungspotenziale hat, müssen die beteiligten Akteure sie meist in Form von technischen Begriffen und Daten, modellierten Kapazitäten und Preisen etc. führen.

## 2.3 Energieautonomie – Energiewende als Demokratisierung von unten

In der Energiewende und dem zentralen politischen Steuerungsinstrument des EEG geht es keineswegs nur um technische und ökonomische Fragestellungen. So sind im Zuge der Energiewende eine ganze Zahl neuer Akteure und Organisationen entstanden, die Energie produzieren bzw. Energieanlagen besitzen.[6] Das EEG macht seit 2014 den Schutz dieser neuen *Akteursvielfalt* zu einem weiteren Grundsatz des Gesetzes. Mit der Einführung von Ausschreibungen durch das EEG im Jahr 2017 werden daher auch Sonderregelungen für kleinere Bietergruppen definiert, die v. a. von privaten Akteuren getragen werden. Die im Folgenden vorgestellte Konzeption nachhaltiger Energie betont vor allem alles, was unter der Bezeichnung »Bürgerenergie« zusammengefasst werden könnte, d. h. Bürgerinnen und Bürger, die als Privathaushalte, in Initiativen oder Genossenschaften Energieanlagen besitzen und betreiben.[7] Bürgerenergie impliziert also, dass Bürgerinnen und Bürger im Energiesystem keineswegs nur als Konsumentinnen und Konsumenten gesehen werden müssen, sondern selbst politische und ökonomische Verantwortung für das Energiesystem übernehmen können.[8]

Allerdings soll es in diesem Unterkapitel nicht allein um Bürgerenergie als ein neues zivilgesellschaftliches Anhängsel der Energiewirtschaft gehen, dieser Aspekt wurde ja schon von der Ethik-Kommission und vom WBGU herausgestellt. Vielmehr geht es um eine Perspektive, die Bürgerenergie als Instrument und Ziel einer grundlegenden gesellschaftlichen Transformation konzipiert. Diese Perspektive wird vor allem am Beispiel des deutschen Politikers und Aktivisten für erneuerbare Energien Hermann Scheer eingeführt. Von ihm

---

6  Die traditionellen regionalen Energiemonopole in Deutschland wurden schon mit der Marktliberalisierung seit den späten achtziger Jahren aufgeweicht. Hier geht es aber um eine weitere Diversifizierung der Energielandschaft, v. a. durch Akteure, die keine Energieunternehmen im herkömmlichen Sinne sind.

7  Die Akteursvielfalt beinhaltet neben individuellen Bürgerinnen und Bürgern und Energiegenossenschaften eine wesentlich größere Bandbreite an Akteuren, wie z. B. Landwirte, die Energieanlagen betreiben oder kommunale Versorgungsunternehmen.

8  Die Vielfalt der Akteure im Energiesystem ist noch wesentlich größer als die hier beschriebenen Fälle. Ebenso sind die Abgrenzungen von Bürgerenergie und Unternehmen nicht immer klar, z. B. im Falle energieerzeugender Landwirte oder kommunaler Versorger, die z. T. auch Anteile von Anlagen an Bürgergenossenschaften ausgeben.

leiht sich das Kapitel auch den Begriff der *Energieautonomie* (Scheer 2005) als Bezeichnung für diese Vision nachhaltiger Energie.[9]

Mit der Hilfe von Bürgerinnen und Bürgern, Genossenschaften und zivilgesellschaftlichen Organisationen sollen aus dieser Perspektive wesentlich grundlegendere Transformationspotenziale erneuerbarer Energien aktiviert werden. Ging es in den ersten beiden Konzeptionen nachhaltiger Energie zuerst um die Vermeidung des Klimawandels, die in jeweils unterschiedlichem Maß auch gesellschaftlicher Veränderungen bedarf, geht es bei der Energieautonomie um die grundlegende Transformation der Weltpolitik und der Weltwirtschaft. Neben den massiven Gefährdungen von Umwelt und Klima sieht Scheer zwei weitere und ebenso wichtige Probleme der gegenwärtigen globalen Abhängigkeit von fossil-nuklearen Energiesystemen. Dies wären zum einen die ungleiche geografische Verteilung der entsprechenden Ressourcen, die für ihn angesichts wachsender Ressourcenknappheit ein enormes Konfliktpotenzial darstellt. Entscheidender ist für ihn allerdings die Machtsituation der globalen Energiekonzerne, die sich aus der Abhängigkeit der Weltwirtschaft von fossil-nuklearer Energie ergibt.

*»Denn beim Wechsel zu erneuerbaren Energien geht es um nicht weniger als um den tief greifendsten und weit reichendsten wirtschaftlichen Strukturwandel seit Beginn der industriellen Revolution. Nur Naive glauben, dieser sei reibungsfrei und im Konsens mit den Trägern der überkommenen Energieversorgung realisierbar, gar auf der Grundlage gemeinsamer Werte. Der ›energiewirtschaftliche‹ Komplex ist immerhin der größte und politisch einflussreichste Sektor der Weltwirtschaft. Die von ihm ausgehenden Widerstände gegen erneuerbare Energien werden in dem Maße wachsen, wie deren Mobilisierung so weit vorankommt, dass*

---

9  Hermann Scheer war als Bundestagsabgeordneter auch einer der Autoren des EEG und ist bereits 2010 verstorben. Trotzdem sind seine Arbeiten noch sehr gut geeignet, diese Perspektive zu konturieren.

*sie die atomaren und fossilen Energieangebote nicht nur partiell ergänzen,*
*sondern real abzulösen beginnen« (Scheer 2005, S. 13).*

Erneuerbare Energien enthalten in diesem Zusammenhang nicht nur ein öko-
logisches, sondern auch ein politisches und ökonomisches Versprechen. Ihnen
wird das Potenzial zugestanden, die Monopole der Energiekonzerne zu durch-
brechen und somit Demokratie und eine freiere Marktwirtschaft zu sichern.
Dieses emanzipatorische Potenzial liegt vor allem in der dezentralen Verfügbarkeit erneuerbarer Rohstoffe und der geringen Größe der Anlagen, aus der
sich nicht nur ein wichtiges Gegengewicht zu den Machtkonzentrationen und
Konfliktpotenzialen rund um fossile Energieträger, sondern auch ein gerechter
Ausweg aus einer auf eben diesen Ungleichgewichten beruhenden Weltpolitik
und Weltwirtschaft ergibt. Das ideale nachhaltige Energiesystem der Zukunft
ist somit nicht nur auf erneuerbare Energietechnologien und Ressourcen
gegründet, sondern darüber hinaus dezentral und in der Hand einer diversen
Bandbreite gesellschaftlicher Akteure. Der Begriff der Energieautonomie wird
bisweilen enger und nur im Sinne von Selbstversorgung gedeutet (Deuschle et
al. 2015). In der Interpretation von Hermann Scheer und vielen Verfechtern von
Bürgerenergie ist damit aber ein emanzipatorisches Programm gemeint, das
bisweilen auch mit dem Attribut der Energiedemokratie versehen wird (siehe
Kunze und Becker 2015). Der Begriff der Energieautonomie richtet sich explizit
gegen asymmetrische Machtverhältnisse durch wirtschaftliche Oligopole bzw.
die enge Verflechtung energiewirtschaftlicher, technischer und politischer Eliten. Ein nachhaltiges Energiesystem im Sinne der Energieautonomie ist demo-
kratisch und hat darüber hinaus das Potenzial, demokratisierende Impulse in
die Gesellschaft zu geben. Dieses emanzipatorische Moment wird noch weiter
dadurch gestärkt, dass die Dezentralität erneuerbarer Energien zudem auch
ohne globale Regelungen auskommt, die bislang weit hinter den ursprünglichen Erwartungen geblieben sind. Vor diesem Hintergrund muss die Motivation der Personen, die sich für Bürgerenergie einsetzen auch nicht primär

ökologisch sein (Islar und Busch 2016). Es geht vor allem darum, neue Formen der Partizipation anzuregen. Im Gegensatz zu den meisten demokratietheoretischen Debatten sind diese Formen der Teilhabe jedoch nicht diskursiver Natur, sondern äußern sich in ökonomischer und technologischer Teilhabe an öffentlichen Infrastrukturen und Ressourcen (Deuschle et al. 2015).

# 3 Schlussfolgerung – Energiewissen und Wissenspolitik

Die vorangegangene Darstellung sollte deutlich machen, dass die Realisierung nachhaltiger Energie nicht nur an der technisch-ökonomischen Komplexität dieser Aufgabenstellung oder am grundlegenden Widerstand von Akteuren scheitert, die für die Kontinuität gegenwärtiger Energiesysteme kämpfen oder das Ziel der Nachhaltigkeit anzweifeln. Dazu kommen Unschärfen, Widersprüche und Konflikte darüber, was genau nachhaltige Energie sein könnte und wie diese zu realisieren sei. Neben den hier vorgestellten drei Konzeptionen nachhaltiger Energie existieren sicher noch weitere. Zudem lassen sich ähnliche Unschärfen und Debatten auch in anderen Bereichen von Nachhaltigkeit und nachhaltiger Energie feststellen (grundlegend hierzu, siehe Pfister et al. 2016). Die Vielschichtigkeit und Strittigkeit von großen Konzepten an sich sind nicht überraschend. Entscheidend ist vielmehr, wie weit diese Vielschichtigkeit und Strittigkeit über die technologischen Komponenten des Energiesystems im engeren Sinne hinausgeht. Neben den zentralen Debatten um die Gefahren von Kernenergie und Kohle beinhalten die vorgestellten Konzeptionen nachhaltiger Energie auch detaillierte Ideen über die Rolle des Staats und zum Umbau industrieller Strukturen sowie über die Legitimität gegenwärtiger Lebensstile bzw. Möglichkeiten, in diese zu intervenieren. So schreiben alle drei Konzeptionen dem Staat eine zentrale Rolle vor, die von der Verantwortung für Planungsprozesse bis zu großangelegten Investitionsprogrammen zum Umbau der gesamten Volkswirtschaft reicht. Allerdings streben sie sehr unterschiedliche Grade der Politisierung an. Während das *Breakthrough Institute* zwar einen starken Investitionsstaat fordert, der eine Art *Green New Deal* (Friedman 2007) auflegt, beruht sein Pragmatismus essentiell auf einem liberalen Gesellschaftsmodell individueller Selbstverwirklichung. Dagegen vertrat die Ethik-Kommission mit ihrem Gemeinschaftswerk eher ein republikanisches Modell öffentlicher Entscheidungsfindung und Eigenverantwortung. Die Perspektive der Energieautonomie geht noch einige radikale Schritte weiter in diese Richtung, indem sie das Energiesystem nicht zum Ziel, sondern zum Instrument der Transformation macht. Als Ziel wird in diesem dritten Kontext eine basisdemokratischere und gerechtere Gesellschaft imaginiert, die nicht nur nachhaltig ist und kollektiv über ihre eigenen Belange entscheidet, sondern auch die Teilhabe an den technologischen und wirtschaftlichen Infrastrukturen grundlegend umverteilt. Insofern zeigt die Diskussion auch, dass es bei der Debatte um nachhaltige Energie auch um Macht und Zugang in Bezug auf Teilhabe an Energiesystem und gesellschaftlichen Veränderungsprozessen ganz allgemein geht.

Es muss dabei davon ausgegangen werden, dass Energietransformationen nicht geplant, gesteuert oder gemanagt werden können, sondern als nicht-lineare und heterogene Prozesse ständigen (neu) Planens, (neuen) Ausprobierens, Nachbesserns und (regelmäßigen) Scheiterns gesehen werden sollten. Dass diese Prozesse des Suchens, Probierens und Scheiterns zutiefst politisch sind, ist in der vorangehenden Darstellung ihrer Reichweite klargeworden. Zum anderen sind sie aber auch zutiefst wissensintensiv, d. h. politisches, rechtliches, unternehmerisches, behördliches, zivilgesellschaftliches oder individuelles Handeln benötigen stets Daten, Konzepte und Analysen zur Orientierung und Legitimation. Probleme müssen analysiert, Ziele entwickelt und die entsprechenden Lösungsansätze müssen nicht nur entwickelt und verbreitet, sondern auch ihre Wirksamkeit mit entsprechenden Methoden des Monitoring und der Evaluation belegt werden. So beruhen unterschiedliche Zielsetzungen,

Wertvorstellungen oder Lösungswege auf jeweils unterschiedlichen Problem-analysen und rufen nach unterschiedlichen Handlungsweisen, um die mit Daten, Theorien, Modellen und Analysen statt mit öffentlicher Mobilisierung auf der Grundlage von Werten, Interessen oder Identitäten gestritten wird. In dieser wissensintensiven, technologischen Natur liegt eine Charakteristik gegenwärtiger politischer Auseinandersetzungen, die in das Herz moderner Hochtechnologiegesellschaften hineinreicht. Diese Eigenschaften betreffen Nachhaltigkeit, aber auch Diskussionen über andere große Fragen im Zusam-menhang mit laufenden gesellschaftlichen und technologischen Entwicklun-gen, z. B. Fragen nach Macht, Demokratie und Gerechtigkeit im Kontext von Digitalisierung, neuen Medien oder einer globalisierten Weltwirtschaft und ihren Finanzmärkten.

Diese wissenspolitische Struktur gegenwärtiger Debatten gehört untrennbar zu den gegenwärtigen hochtechnisierten, vernetzten Gesellschaften und offen-bart zugleich deren spezifische Fragilität. Lösungen können oft nicht norma-tiv im Vorhinein formuliert, Probleme nicht endgültig gelöst, Zuständigkeiten nicht geklärt werden, sondern müssen in langen und mühseligen, experimen-tellen und iterativen Prozessen stets neu bewertet und hinterfragt werden. Im Moment lässt sich auch die Entstehung relativ neuer Wissensbestände beob-achten, die versuchen, diesen politischen Charakteristiken der Gegenwart und der Suche nach Nachhaltigkeit im Besonderen Rechnung zu tragen. Diese versuchen z. B., wissenschaftliche Wissensproduktion partizipativ zu öffnen (z. B. Felt und Fochler 2010) oder entwickeln Methoden und Konzepte einer transdisziplinären Nachhaltigkeitsforschung (z. B. Bergmann 2010). Es stellt sich allerdings die berechtigte Frage, ob diese – wissenschaftspolitisch durch-aus kontroverse – Öffnung wissenschaftlicher Praktiken und Institutionen aus-reicht oder ob gegenwärtige technologische und Umweltveränderungen eine noch wesentlich grundlegendere Transformationen demokratischer Institutio-nen und Imaginationen nach sich ziehen werden (müssen).

# Literatur

Asafu-Adjaye, J., Blomqvist, L., Brand, S., Brook, B., DeFries, R., Ellis, E., ... Teague, P. (2015). An Eco-Modernist Manifesto. Abgerufen von http://www.ecomodernism.org/manifesto-english/

Atkinson, R., Chhetri, N., Freed, J., Galiana, I., Green, C., Hayward, S., ... Shellenberger, M. (2011). Climate pragmatism. Innovation, resilience and no regrets. Oakland: Breakthrough institute. Abgerufen von https://thebreakthrough.org/blog/Climate_Pragmatism_web.pdf

Bergmann, M. (2010). Methoden transdisziplinärer Forschung: ein Überblick mit Anwendungsbeispielen. Frankfurt am Main: Campus-Verl., 2010.

Bundesregierung (2011). Deutschlands Energiewende – Ein Gemeinschaftswerk für die Zukunft. Bericht der Ethik-Kommission für sichere Energieversorgung. Berlin.

Deuschle, J., Hauser, W., Sonnberger, M., Tomaschek, J., Brodecki, L., & Fahl, U. (2015). Energie-Autarkie und Energie-Autonomie in Theorie und Praxis. Zeitschrift für Energiewirtschaft 39(3), S. 151–162.

Felt, U. & Fochler, M. (2010). Machineries for making publics: inscribing and de-scribing publics in public engagement. Minerva, 48(3), S. 219–238.

Friedman, T. L. (2007). The Power of Green. The New York Times. Abgerufen von http://www.nytimes.com/2007/04/15/magazine/15green.t.html

Hayward, S., Muro, M., Nordhaus, T. & Shellenberger, M. (2010). Post-partisan power. How a limited and direct approach to energy innovation can deliver clean, cheap energy, economic productivity, and national prosperity. Oakland: Breakthrough institute.

Hecht, G. (2009). The Radiance of France: Nuclear Power and National Identity after World War II. Cambridge, MA: MIT Press.

Hughes, T. P. (1983). Networks of power: electrification in Western society, 1880–1930. Baltimore, Maryland: Johns Hopkins University Press.

Islar, M. & Busch, H. (2016). »We are not in this to save the polar bears!« – the link between community renewable energy development and ecological citizenship. Innovation: The European Journal of Social Science Research 29(3), S. 303–319.

Jasanoff, S. & Kim, S.-H. (2009). Containing the Atom: Sociotechnical Imaginaries and Nuclear Power in the United States and South Korea. Minerva 47(2), S. 119–146.

Krause, F., Bossel, H. & Müller-Reißmann, K.-F. (1980). Energiewende. Wachstum und Wohlstand ohne Erdöl und Uran. Frankfurt (Main): S. Fischer.

Kunze, C. & Becker, S. (2015). Wege der Energiedemokratie. Emanzipatorische Energiewenden in Europa. Stuttgart: Ibidem Verlag.

Loreck, C. (2017). Wieviel kostet erneuerbarer Strom? Analyse der EEG-Umlage von 2010 bis 2018. Endbericht für das Bundesministerium für Wirtschaft und Energie im Rahmen des EEG-Erfahrungsberichts. Berlin: Öko-Institut. Abgerufen von https://www.erneuerbare-energien.de/EE/Redaktion/DE/Downloads/Berichte/endbericht-analyse-eeg-umlage-2010-2018.pdf;jsessionid=BE0A40F298B2100751248943D0A6114C?__blob=publicationFile&v=4

Miller, C. A., Iles, A. & Jones, C. F. (2013). The Social Dimensions of Energy Transitions. Science as Culture, 22(2), S. 135–148.

Mol, A. P. J. (Hrsg.) (2009). The ecological modernisation reader: environmental reform in theory and practice (1. publ.). London [u. a.]: Taylor & Francis Ltd.

Monbiot, G. (2011). Atomised. Abgerufen 21. Juni 2018, von http://www.monbiot.com/2011/03/16/atomised/Monbiot, G. (2015). Power Failure. Abgerufen 25. Juni 2018, von http://www.monbiot.com/2015/09/21/power-failure/

Monbiot, G., Tindale, S., Pearce, F., Hanlon, M. & Lynas, M. (2012). A Letter to David Cameron. Abgerufen 22. Juni 2018, von http://www.monbiot.com/2012/03/15/a-letter-to-david-cameron/

Pfister, T. & Schweighofer, M. (2018). Energy cultures as sociomaterial orders of energy. In D. J. Davidson & M. Gross (Hrsg.), Energy and Society Handbook (S. 223–242). Oxford: Oxford University Press.

Pfister, T., Schweighofer, M. & Reichel, A. (2016). Sustainability. London: Routledge.

Scheer, H. (2005). Energieautonomie: eine neue Politik für erneuerbare Energien. München: Kunstmann.

Shellenberger, M. & Nordhaus, T. (2004). The Death of environmentalism. Global warming politics in a post-environmental world. Oakland: Breakthrough institute. Abgerufen von https://www.thebreakthrough.org/images/Death_of_Environmentalism.pdf

Smith, A., Voss, J.-P. & Grin, J. (2010). Innovation studies and Sustainability Transitions: The Allure of the Multi-level Perspective and its Challenges. Research Policy 39(4), S. 435–448.

WBGU (2011). Welt im Wandel. Gesellschaftsvertrag für eine Große Transformation. Hauptgutachten.

# Expertise im Nexus. Von der Verwendungs- zur Vernetzungsforschung

## Juliane Haus, Rebecca-Lea Korinek, Holger Straßheim

## Einleitung[1]

Im Jahr 1975 wurde zum ersten Mal eine widersprüchliche Beobachtung beschrieben, die seither die Forschung zur Verwendung von Wissen wie ein Leitmotiv begleiten sollte:»the data suggest that government executives do not need to be sold on the potential usefulness of scientific information. In fact, they express an eagerness to get all the policy-relevant scientific information they can. Yet, paradoxically and for whatever reasons, they are not influenced by such information if they receive it.« (Caplan et al. 1975, S. 50). In dem Bemühen, die Bedingungen zu klären, unter denen wissenschaftliche Gutachten, Expertisen oder Befunde Eingang in den politischen und administrativen Prozess finden und dort tatsächlich einen Effekt oder womöglich weiterführende Einsichten auslösen könnten, traf man auch in späteren Studien immer wieder auf das Verwendungsparadoxon: Wissen und Expertise werden regelmäßig und mit großer Intensität nachgefragt – und doch verliert sich die Spur, sobald man in Entscheidungs- oder Implementationsprozessen danach sucht. Schlimmer noch: Gerade dort, wo – wie etwa in Debatten zum Klimawandel,

---

1 Die diesem Beitrag zugrunde liegenden Forschungen wurden durch die Stiftung Mercator im Rahmen der Projekte »Die Nutzung wissenschaftlicher Politikberatung in Deutschland« und »Expertise im Nexus. Herausforderungen an den Schnittstellen von Klima-, Energie-, Verkehrs- und Verbraucherpolitik« an der Universität Bielefeld und am Wissenschaftszentrum Berlin für Sozialforschung gefördert.

zur Gentechnologie oder zur Ernährungssicherheit – wissenschaftliche Autorität am stärksten gefordert ist, wird sie am meisten angezweifelt (Limoges 1993; Bijker et al. 2009). Wenn wissenschaftliche Analysen in der Praxis ungenutzt bleiben, fragt eine seit den 1990er-Jahren zunehmend frustrierte Verwendungsforschung, warum produzieren wir dann so viele davon (Shulock 1999)?

Im Rückblick hat sich das Verwendungsparadoxon als fruchtbarer Ausgangspunkt erwiesen und eine Vielzahl von Studien zum Verhältnis von Politik und Wissenschaft, zur gesellschaftlichen Einbettung von Expertise und zum Wandel politischer und epistemischer Autorität angestoßen (Jung et al. 2014; Beck und Bonß 1989; Jasanoff 1990; Straßheim 2015; Wagner et al. 1991; Prewitt et al. 2012). Dabei hat sich die Forschung von den linearen Modellen einer Rationalisierung der politischen Praxis durch Beratungswissen – also dem Gedanken der Überlegenheit der Wissenschaft, ihrer höheren oder zumindest ideologiefreien Einsicht gegenüber der Politik – weitestgehend verabschiedet (Bonß 2003). Im Fokus stehen nun komplexe Beziehungen zwischen Politik, Wissenschaft, Wirtschaft und Zivilgesellschaft, aus denen Wissen und Expertise als Resultate kollektiver Zuschreibungs- und Validierungspraktiken hervorgehen. Bei der Betrachtung dieser multiplen Beziehungsstrukturen verschiebt sich der Blick von der Nutzung oder Übertragung irgendwie isolierbarer Wissensbestände hin zu den höchst verwobenen Interaktions- und Kommunikationsbeziehungen, in denen ein bestimmtes Wissen an Relevanz und Gültigkeit gewinnen (oder verlieren) und dabei selbst zum Ausgangspunkt des Handelns und Entscheidens werden kann (oder eben nicht). Ob und auf welche Weise Politikberatung und Expertise in politischen Entscheidungen Resonanz finden, hängt ab von den Interaktions- und Organisationsbeziehungen zwischen den beteiligten Akteuren, den sich in diesen Beziehungen ausprägenden kollektiven Ordnungs- und Handlungslogiken, den Modi der Abgrenzung gegenüber alternativen Wissens- und Akteurskonstellationen wie auch der Einbettung dieser Arrangements in länder- und politikfeldspezifische Beratungsinstitutionen und -kulturen (Jung et al. 2014; Jasanoff 2005; Straßheim 2015; Stone

2012; Wagner et al. 1991). Diese Konstellationen bilden die Bedingung der Möglichkeit, dass Wissen in einem bestimmten Zusammenhang überhaupt als politisch relevant und gerechtfertigt gilt; zugleich wandeln sie sich, wenn erfolgreich alternative Geltungs- und Entscheidungsansprüche erhoben werden. Wenn neue Akteure auftauchen, die beispielsweise als Stiftungen oder zivilgesellschaftliche Gruppierungen Autorität und Expertise beanspruchen oder wenn alternative Vermittlungs- und Koordinationsarrangements in Form von Plattformen oder Netzwerken die Beratungslandschaft insgesamt umgestalten und neue Gelegenheiten der Interaktion eröffnen, dann verändern sich unter Umständen auch die Wirkungsweisen von Wissen und Expertise. Ohne die Kenntnis dieser Zusammenhänge bleibt der Verwendungsforschung nur die kontinuierliche Irritation über die Widersprüchlichkeit, Unübersichtlichkeit und Unvorhersehbarkeit von Beratungsbeziehungen.

Die Verwendungsforschung entwickelte sich daher in den vergangenen Jahren zunehmend zur Vernetzungsforschung – die Beratungspraxis selbst wird mehr und mehr zur Vernetzungspraxis (Hoppe 2005; Sedlačko und Staroňová 2015a). Nicht zufällig hat daran die Nachhaltigkeits- und Umweltpolitikforschung einen erheblichen Anteil. Sie ist in besonderer Weise mit den multiplen Verschränkungen zwischen Wissenschaft und Politik über verschiedene Politikfelder hinweg konfrontiert und sucht deswegen bereits seit Jahren nach Möglichkeiten, die grenzüberschreitenden Dynamiken innerhalb einer immer komplexer werdenden Beratungslandschaft zu durchdringen (Beck und Mahoney 2018; Stirling 2015; Sundqvist et al. 2017). Der Übergang von der Verwendungs- zur Vernetzungsperspektive ermöglicht hier auf zweifache Weise neue Einsichten: *Erstens* wird Beratungs- und Expertenwissen dann als Ergebnis eines komplexen und dynamischen Zusammenhangs auf unterschiedlichen Ebenen konzipiert, in dem Praktiken der Grenzsetzung und der Rahmung von Problemen und Lösungen darüber entscheiden, welche Expertise überhaupt für gültig und bedeutsam gehalten wird, wer sich an der Bestimmung beratungsrelevanten Wissens beteiligen darf – und wer nicht. Auf diese Weise geraten dann die mit epistemischen und politischen Praktiken verbundenen Kollektivierungs- und Abgrenzungsdynamiken in den Blick: Hierarchisierungen zwischen Experten und Nicht-Experten, zulässige Formen von Evidenz, legitime Organisations- und Koordinationsweisen, Autoritätskonstellationen und Dominanzverhältnisse. Ein Expertengutachten oder das Votum einer Sachverständigenkommission, so machen diese Forschungen deutlich, wird überhaupt erst sichtbar und zum Anknüpfungspunkt (oder Hindernis) in der Vorbereitung und Umsetzung von Entscheidungen, wenn es innerhalb dieser Vernetzungs- und Interaktionskonstellation an epistemischer und politischer Autorität gewinnt. *Zweitens* eröffnet diese Art der Forschung für die politische Praxis die Möglichkeit, die stark ausdifferenzierte Beratungslandschaft zu kartografieren, die eigene Einbindung in Wissens- und Autorisierungszusammenhänge zu vermessen und dabei Einblicke in alternative Konstellationen und Logiken zu gewinnen. Die politisch-epistemische Vernetzungsforschung hat insofern auch eine Orientierungsfunktion.

Ziel dieses Beitrags ist es, zum einen die konzeptuellen und analytischen Konturen einer solchen Vernetzungsperspektive zu umreißen; zweitens soll anhand von Expertenarrangements in der Klima-, Umwelt-, Energie-, Verkehrs- und Verbraucherpolitik illustriert werden, mit welchen Ordnungs- und Handlungslogiken an den Grenzen zwischen Politikfeldern gerechnet werden muss, wenn Nachhaltigkeitswissen gewonnen werden soll. Es geht also um einen ersten, noch vorläufigen Blick über die Herausbildung von Expertise im Nexus zwischen Politik und Wissenschaft einerseits, zwischen verschiedenen nachhaltigkeitsrelevanten Politikfeldern andererseits. Wir beginnen im nächsten Abschnitt mit den Konturen und Konsequenzen der analytischen Verschiebung von der Verwendungs- zur Vernetzungsforschung. Es folgt eine auf der Basis der empirischen Analyse verschiedener Beratungs- und Expertisearrangements entwickelte Idealtypik der Varianten von Policy Expert Arrangements mit ihren jeweiligen Akteurskonstellationen und Handlungslogiken. Der Beitrag schließt mit einigen Überlegungen zu weiterführenden

Forschungspotenzialen. Die Verwendungsforschung, so soll gezeigt werden, war zwar immer schon Ausdruck des Bemühens um Selbstvergewisserung in den Sozialwissenschaften (Neun 2016). Sie musste sich jedoch erst von den ursprünglichen Rationalisierungserwartungen emanzipieren, um nun in enger Allianz mit ähnlich gelagerten Programmen der Science, Technology and Society Studies (STS), der kritischen Policy-Analyse und der Wissens- und Wissenschaftsforschung einen Beitrag zu forschungs- wie praxisrelevanten Grundfragen politischer und epistemischer Ordnung zu leisten.

## Von der Verwendungs- zur Vernetzungsforschung

Das »Verwendungsparadoxon« (Wingens 1988) einer intensiv befragten und doch dem Anschein nach wirkungslosen Politikberatung wurde in einer Vielzahl von Untersuchungen bestätigt. Bürokratien und politische Eliten, so zeigte sich, folgen eigenen Selektions- und Entscheidungsregeln, die nicht auf Rationalitätsdefizite oder ideologische Verzerrungen zurückzuführen sind, sondern vielmehr auf Entscheidungsprämissen, zeitliche Prioritäten und Eigenlogiken in Ministerien, Behörden und anderen politischen Organisationen (Weiss und Bucuvalas 1980). Überdeutlich wurde ein grundsätzliches Dilemma, welches sich auch im Kontext des 1982 von der Deutschen Forschungsgemeinschaft eingerichteten Schwerpunktprogramms »Verwendungszusammenhänge sozialwissenschaftlicher Ergebnisse« zeigte (Beck und Bonß 1989). Zum einen bringt die Verwendung wissenschaftlichen Wissens dieses zum Verschwinden. Die »Trivialisierung« wissenschaftlichen Wissens, wie Beck und Bonß im Anschluss an Tenbruck diesen Aneignungsprozess charakterisieren (Neun 2016), und seine Übersetzung in politisch-administrative Programme ist gerade die Voraussetzung für seine erfolgreiche Verwendung, weil es unter dem Entscheidungsdruck der Praxis mit organisationseigenen Handlungsrelevanzen aufgeladen werden muss. Auch methodisch wirft dies nicht unerhebliche Probleme auf, weil die Rückverfolgung von Restspuren der Beratung nichts über die Gelingensbedingungen aussagen kann. Erschwerend kommt hinzu, dass sich wissenschaftliche Experten von ihren eigenen Ergebnissen gesellschaftlich eingeholt oder sogar überholt sehen: Gerade im Zuge einer öffentlichen Debatte um die Verwendungsforschung und ihre Befunde werden wissenschaftliche Deutungsangebote nun ihrerseits aus der politischen Praxis heraus aufmerksamer denn je beobachtet, aufgegriffen, umgedeutet, in das politisch-administrative Selbstbeschreibungs- und Legitimationsvokabular übernommen oder sogar zur Mobilisierung von Gegenexpertise genutzt. Die Verwendungsforschung ist insofern erfolgreich gescheitert: In ihren Bemühungen um den Nachweis einer gesellschaftlichen Relevanz der (Sozial-)Wissenschaften blieb sie letztlich ohne eindeutigen Befund und hat doch durch öffentliche Diskussionen ihrer Ergebnisse – wenn auch auf nichtintendierte Art und Weise – zur gesteigerten Sichtbarkeit und möglicherweise auch Inanspruchnahme politischer Expertise beigetragen.

Seit Mitte der 1990er-Jahre zeichnen sich neben dem »Verwendungsparadoxon« weitere Widersprüche ab. Sie entzünden sich an »wicked problems« (Rittel und Webber 1973) – solchen Problemlagen also, die quer zu den etablierten Zuständigkeiten und jenseits erprobter Lösungswege liegen, unklar in ihrer Bestimmung und deswegen in hohem Maße politisch umkämpft sind. In der Umwelt- und speziell Klima- und Energiepolitik hat sich die Interdependenz zwischen Politikfeldern zu einer zentralen gesellschaftlichen Herausforderung entwickelt. Dynamiken der Inter- und Transnationalisierung, Erkenntnisse über globale Umweltveränderungen und gewandelte Prioritäten in der Risikoregulierung steigern die Abstimmungserfordernisse über Politikfeldgrenzen hinweg: Die Reduktion von Treibhausemissionen hängt von der Reorganisation der Stromnetze und der Erschließung alternativer Energiequellen ab. Intelligente Energienetze wiederum stehen in einem wechselseitigen Bedingungszusammenhang mit integrierten Mobilitäts- und Verkehrskonzepten.

Zudem gewinnt die Frage nach der sozialen Akzeptanz an Bedeutung: Klima-, Energie- und Verkehrspolitik überschneiden sich dort mit der Verbraucherpolitik, wo es um den Wandel von Konsummustern und um nachhaltige Verhaltensweisen geht. Klima- und Umweltveränderungen wirken sich zudem direkt auf die Ernährungs- und Nahrungsmittelsicherheit aus. Mit diesen multiplen Interaktionen geht eine erhebliche Zunahme an Komplexität und Unsicherheit einher. Diese Unsicherheit resultiert nicht allein aus den nichtlinearen Dynamiken naturwissenschaftlich untersuchter Prozesse und unklaren technologischen Lösungen, sondern wird noch durch die gesellschaftliche Umstrittenheit der Problemdefinitionen und Lösungen gesteigert. Politikfeldinterdependenz, so zeigt die Forschung, konfrontiert Akteure aus Politik, Wirtschaft, Zivilgesellschaft und Wissenschaft mit komplexen Abstimmungs-, Regulierungs-, Koordinierungs- und Wissensproblemen (Bornemann 2014; Geden und Beck 2015; Hay 2010; Sedlačko und Staroňová 2015b; Stirling 2015). Im Rahmen des World Economic Forums 2011 wird erstmals anhand der Interdependenzen zwischen Wasser, Ernährung, Klima und Energie systematisch auf die besonderen Herausforderungen des »Nexus« hingewiesen: »The highly interlinked nature of these issues is particularly challenging, as it requires comprehensive solutions coordinated among diverse stakeholders who often lack the incentives or institutional structures required for effective action.« (Waughry 2011, S. 7).

Nexus-Probleme machen ein weiteres Defizit der frühen Verwendungsforschung sichtbar: zivilgesellschaftliche oder privatwirtschaftliche Akteure sind nicht Gegenstand der Analyse. Im Nexus von Politikfeldern jedoch öffnet sich nun eine vielgestaltige Landschaft von Interaktionen und auch Konflikten, an denen Protestorganisationen und Bürgerbewegungen ebenso beteiligt sind wie Unternehmen oder Verbände. Hinzu kommen zunehmend hybride, an den Schnittstellen von Politik, Wissenschaft und Wirtschaft agierende Grenzorganisationen, die als Agenturen und Behörden, Think Tanks und Stiftungen, Netzwerke und Koordinationsplattformen multiple Logiken verbinden und entsprechend flexibel agieren können (Guston 2000; Miller 2001; Ansel und Gash 2017). Selbstverständlich existieren daneben nach wie vor auch einfache und lineare Formen der Auftragsforschung und Beratung. Zunehmend wird jedoch deutlich, dass die Verwendung von Wissen eingebettet ist in eine Vielzahl von Vernetzungen, Gemeinschaften und Koalitionen, die quer zu den Grenzen von Institutionen und Organisationen, Politikfeldern und Problembereichen, aber auch quer zu Wissenschaft und Politik die Wirkungsweisen von Expertise und Beratung bestimmen (Jarren und Wessler 1996, S. 32 ff.). Bereits früh weist insbesondere die Policy-Forschung gegenüber stark politikfeldorientierten Ansätzen darauf hin, dass sich in „multi-issue knowledge communities" (Livingston 1992, S. 239) Akteure über mehrere Politikfelder hinweg organisieren und um die dominante Deutung dessen ringen, was als epistemischer und politischer Geltungsanspruch überhaupt zulässig sein soll. Hier entscheidet sich dann, in welcher Weise Expertise organisiert und in Entscheidungs- und Koordinationsprozesse eingebracht werden soll, welche Evidenzen als aussagekräftig gelten und unter welchen Voraussetzungen und mit welcher Reichweite partizipative Wissensproduktion für zulässig befunden wird. Dies kann bedeuten, dass etwa an den Schnittstellen von Energie- und Klimapolitik quantitative Simulationsmodelle die Beratungs- und Entscheidungspraxis prägen, während möglicherweise in sozial- oder verbraucherpolitischen Kontexten deliberative Verfahren und das Ausloten von Konsenskorridoren die Grundlage für politische Entscheidungen bilden (Aykut 2015; Stirling 2015). Die jeweils dominierenden Evidenzen erscheinen dann je nach Kontext als augenscheinlich und nur schwer hinterfragbar; dahinter können sehr unterschiedliche kollektive Vorstellungen über die Relevanz und Legitimität von Geltungsansprüchen stehen (Rüb und Straßheim 2012). Zugleich werden mit dieser epistemischen Engführung auch die Möglichkeiten der Problem- und Lösungssuche eingegrenzt.

Mitunter gruppieren sich um eine spezifische politische Problemlösung – etwa um bestimmte Instrumente der Partizipation oder des Emmissionshandels – eigene Kollektive, sogenannte »instrument constituencies« (Voss und Simons 2014), die sich als lose gekoppelte Beziehungszusammenhänge von

Experten, Aktivisten oder Consultants überhaupt nur durch die inter- und transnationale Verbreitung dieses jeweiligen Instruments herausbilden und daraus ihre kollektive Identität beziehen. »Instrument constituencies« suchen dann nicht nach Lösungen, sondern nach Problemen, um das ihnen eigene Instrumentarium möglichst universell umzusetzen. Sie kehren also nicht nur die klassischen Vorstellungen des Policy-Cycles um (ähnlich bereits Kingdon 1984), sondern auch das klassische Verständnis von Beratungsangebot und -nachfrage, indem sie die Nachfrage für bestimmte Lösungen erst schaffen. Ähnlich agieren auch »knowledge brokers«, etwa Consultingagenturen, Stiftungen oder Wissensnetzwerke, indem sie über Schnittstellen und Grenzen hinweg Wissen und Expertise verbreiten, Netzwerkbildung anstoßen, die Entwicklung von Beratungs- und Entscheidungskapazitäten fördern, aber auch eigene Deutungen und Wahrnehmungsweisen mobilisieren (Pielke 2011; Stone 2012).

Auf diese Weise entsteht eine komplexe und sich kontinuierlich wandelnde Landschaft, in der sehr unterschiedliche Grenzarrangements der Expertise und Politikberatung koexistieren und unter Umständen auch miteinander konkurrieren (Hoppe 2009; Miller 2001). Solche Arrangements machen sowohl epistemisch wie soziopolitisch einen erheblichen Unterschied für die Validierung und Rechtfertigung politisch relevanten Wissens (vgl. zu dieser Unterscheidung Beck und Mahoney 2018, S. 3): *Epistemisch* bestimmen sie die Trennung zwischen Fakten und Werten, Sein und Sollen, Deskription und Präskription. In ihnen erweist sich die Sichtbarkeit, Gültigkeit und Legitimität bestimmter Wissensbestände und damit auch die Wahrscheinlichkeit, dass sich Akteure darauf berufen, um Entscheidungen über Probleme und Lösungen zu begründen oder anzufechten. *Sozio-politisch* wird in solchen Arrangements ein institutioneller und organisatorischer Strukturzusammenhang (re-)produziert und damit die epistemische und politische Arbeitsteilung zwischen bestimmten Akteuren, die Zuschreibung politischer und epistemischer Autorität und die Anerkennung als Experte im Gegensatz zu Laien. Im Zusammenwirken dieser zwei Dimensionen prägen sich in jedem dieser Arrangements eigene Logiken heraus, die sich durch spezifische Aufmerksamkeiten und dazugehörige Zonen des relevanten Wissens, der Indifferenz, der Ignoranz und des Nichtwissens auszeichnen.

Mit der Verschiebung von der Verwendungs- zur Vernetzungsforschung verbinden sich insofern konzeptuelle, empirisch-analytische und auch methodische Veränderungen, die hier nur andeutungsweise skizziert werden können. Im Folgenden soll dies anhand von Policy Expert Arrangements illustriert werden, die sich an den Schnittstellen nachhaltigkeitsrelevanter Politikfelder wie der Klima-, Umwelt-, Energie-, Verkehrs- und Verbraucherpolitik gebildet haben und selbst Ausdruck einer Vernetzungspraxis sind, die auf die Unübersichtlichkeit der Beratungslandschaft mit spezifischen Formaten der kollektiven Wissens- und Expertiseproduktion reagiert.

## Vernetzung über Policy Expert Arrangements

Die zunehmende Vernetzung von Experten im Nexus von Klima-, Umwelt-, Energie-, Verkehrs- und Verbraucherpolitik kann auf die höchst komplexen und interdependenten Wissens- und Koordinationsprobleme in und zwischen diesen Feldern zurückgeführt werden. Die an diesen Schnittstellen verfolgten Transformationsprojekte der Energie- und Verkehrswende stellen sogenannte »vertrackte« Problemfelder dar, die durch politische, wirtschaftliche und technisch komplexe Dynamiken, umstrittene Problemdefinitionen sowie Wissensunsicherheiten und Nichtwissen gekennzeichnet sind (Rittel und Webber 1973). Heterogene Akteure aus Politik, Wissenschaft, Wirtschaft und Zivilgesellschaft haben unterschiedliche, oftmals konfligierende Interessen und Problemdeutungen der komplexen Herausforderungen an diesen Schnittstellen. Vor diesem Hintergrund wird in Politik und Wissenschaft zunehmend der Bedarf an ganzheitlicherem Wissen und neuen Formaten der feld- und sektorenüber-greifenden Koordination artikuliert.

Wurde beispielsweise in Deutschland die nach dem Reaktorunglück von Fuku-shima 2011 offiziell eingeleitete Energiewende anfänglich zuvorderst als Strom-wende verstanden, gerieten in den letzten Jahren die notwendigen Wechsel-wirkungen im Rahmen der sogenannten Sektorkopplung zunehmend in den Blick – d. h. in der Verbindung der Felder Energie, Verkehr und Wärme. Wäh-rend die Sektorkopplung ihren Ursprung in den technischen Wissenschaf-ten findet, wird diese zunehmend auch als soziale Innovation betrachtet, die Fragen der sozialen Akzeptanz und Verhaltensänderungen bei Verbrauchern berührt (Canzler 2017; Engel et al. 2018).

Um dieser Komplexität und Verwobenheit der mit der Energie- und Ver-kehrswende verbundenen Problemlagen wie der Sektorkopplung Rechnung zu tragen, hat sich in den letzten Jahren eine Vielzahl heterogener Beratungs- und Expertenarrangements jenseits von klassischen Expertenkommissionen oder wissenschaftlichen Beiräten etabliert. Diese verfolgen das Ziel, Wissen über Lösungsansätze zu produzieren, welches die Interdependenzen zwischen den Feldern adressiert, politisch anwendbar ist und zugleich gesellschaftlich als legitim anerkannt wird.

Auf Basis einer explorativen Recherche solcher Expertenarrangements lässt sich eine in den letzten zwei Legislaturperioden stetig ausdifferenzierende Landschaft von Policy Expert Arrangements (PEAs) beobachten. Gemein ist diesen PEAs, dass sie leicht institutionalisierte, entweder organisationsähnliche oder stärker verfahrensorientierte Arrangements darstellen, die eine gewisse Dauerhaftigkeit vorweisen. Sie sind abgrenzbare Arrangements entweder mit festen Mitgliedschaften oder aktiven Teilnahmen. PEAs umfassen heterogene Akteure aus verschiedenen (mindestens zwei, meist jedoch mehreren) gesell-schaftlichen Sektoren (Wissenschaft, Politik, Wirtschaft, Zivilgesellschaft), die einen gemeinsamen Output, meist in Form einer Stellungnahme oder eines Policy-Papers, produzieren, mit dem Ziel dieses als Expertise in Prozesse des

Agendasettings und der Politikformulierung in einem spezifischen Problemfeld einzuspeisen. Damit grenzen sich PEAs von überwiegend informellen Issue Networks (Heclo 1978) und Epistemic Communities (Haas 1992) ab, ebenso wie von klassischen Zusammenschlüssen in Interessensgruppen und Verbänden. Als formalisierte und zumindest schwach institutionalisierte Formate der Kollaboration heterogener Akteure weisen PEAs hingegen große Ähnlichkeiten zu benachbarten Konzepten der Policy Forums (Fischer und Leifeld 2015), der Collaborative Governance Regimes (Emerson und Nabatchi 2015) und der Collaborative Platforms (Ansell und Gash 2017) auf; sie unterscheiden sich hiervon durch ihren stärkeren Fokus auf die heterogene Wissens- und Expertiseproduktion für Agendasetting und Politikformulierung, während erstere gleichermaßen Arrangements umfassen, die Wissen für Implementations- und Evaluationsprozesse bereitstellen.

PEAs werden von uns in diesem Sinne als Wissensnetzwerke verstanden. Nicht die in den PEAs vertretenen Akteure selbst bilden den Kern unseres Untersuchungsinteresses, sondern die durch die PEAs gebildeten und realisierten Beziehungen zwischen den Akteuren. Das Verständnis von PEAs als Wissensnetzwerke schließt dabei an die relationale Grundposition und zentrale Konzepte der sozialen Netzwerkanalyse an (Straßheim 2011). PEAs bieten nach innen und nach außen also ein Setting, in denen Akteure mit unterschiedlichen teilsystemischen oder institutionellen (wissenschaftlichen, politischen, wirtschaftlichen und zivilgesellschaftlichen) Handlungslogiken sowie aus unterschiedlichen Politikfeldern wechselseitige Beobachtungs- und Reflexionsbeziehungen etablieren können.

# Idealtypen von Policy Expert Arrangements

Bei näherer Betrachtung der empirisch beobachtbaren PEAs wird ersichtlich, dass die oben skizzierte Ausdifferenzierung der PEAs dabei entlang zweier Dimensionen erfolgt, die unterschiedliche Grade an Komplexität in sozialer und sachlicher Hinsicht zulassen und damit unterschiedliche Inklusions- und Exklusionsmechanismen sowohl hinsichtlich der Akteurskonstellation als auch hinsichtlich der Problem- und Themenrahmung ausprägen, wie folgende Matrix darstellt:

**Tabelle 1: Idealtypische Varianten von Policy Expert Arrangements (PEAs)**

| Sachlich-epistemisch: Problemrahmung / Sozio-politisch: Akteurskonstellation | verhandelbar | gesetzt |
|---|---|---|
| **breit** | **(1)** **Transdisziplinäre Plattformen & Stakeholderforen** Erarbeitung eines »Grundkonsenskorridors« *Bsp. Trialog Energiewende* | **(2)** **Partizipative Foresights und Assessments** Entwerfen und Bewerten konkreter Lösungsoptionen *Bsp. Agora Energiewende* |
| **fokussiert** | **(4)** **Reallabore & Experimentierräume** Geschützter Raum für das Entwickeln und Testen von Lösungen unter komplexen Zusammenhängen *Bsp. Energieavantgarde Anhalt* | **(3)** **Monitorings und Simulationen** Monitoring und Simulation *Bsp. Expertenkommission Monitoring der Energiewende* |

Aufbauend auf der empirischen Erhebung der PEAs zeigen sich einerseits charakteristische Differenzen hinsichtlich der sozio-politischen Dimension der *Akteurskonstellation.* Diese Dimension bezieht sich auf die Frage, ob ein bestimmtes Format hinsichtlich seines Selbstanspruchs darauf ausgerichtet ist, die von einem Problem betroffenen diversen Akteursgruppen möglichst breit zu beteiligen, oder ob die Akteurskonstellation dezidiert auf einen spezifisch ausgewählten Akteurskreis fokussiert werden soll. Mit dieser Dimension geht dabei zugleich eine Differenz hinsichtlich der Diversität der Akteursperspektiven einher, die in die Aushandlungsprozesse innerhalb der PEA inkludiert werden. Die zweite sachlich-epistemische Dimension bezieht sich hingegen auf die *thematische Rahmensetzung,* die in der Netzwerkarbeit der PEAs als gesetzt verstanden wird. Diese Art der Komplexitätsdifferenz zeigt sich darin, dass in einigen PEAs grundlegende Problemverständnisse selbst zur Diskussion stehen, wohingegen andere vielfältige Setzungen bereits vorab vollzogen haben und innerhalb eines festen Problemrahmens Lösungen oder Alternativen beurteilen, erarbeiten, vergleichen oder bewerten. Auch in den PEAs, welche in sachlicher Hinsicht als offener betrachtet werden können, wird dabei jedoch eine grundlegende Spezifizierung eines Themenbereichs durch bestimmte Setzungen und Fokussierungen vorgenommen und die grundlegende Problematik einer gesellschaftlichen Transformation im Nexus von Klima-, Energie-, Verkehrs- und Verbraucherpolitik anerkannt. Diese Formate sind jedoch deutungsoffener hinsichtlich der Wege, Schritte, Konzepte und Problemlagen, die auf dem Weg zur Zielerreichung vollzogen werden müssen *(siehe Illustration oben).* Mit dieser idealtypischen Gegenüberstellung präsentiert sich die Frage des Umgangs mit komplexen Wissens- und Koordinationsproblemen in einem prinzipiellen Spannungsfeld zwischen verschiedenen Arten der Komplexitätsreduktion sowie damit einhergehenden Inklusions- und Exklusionsmechanismen, die durch unterschiedliche Grade an Perspektivenvielfalt und Akteursbeteiligung erreicht werden.

Mithilfe der sachlich-epistemischen und sozio-politischen Komplexitätsdimensionen können die unterschiedlichen Formate der PEAs voneinander in einer idealtypischen Unterscheidung abgegrenzt werden. Aufbauend auf der Differenzierung dieser zwei Dimensionen lässt sich eine Analyseheuristik bilden, die die PEAs in vier idealtypische Cluster unterteilt. Dies erweist sich analytisch als fruchtbar, da auf diese Weise zugleich auf die unterschiedlichen Funktionen verwiesen werden kann, die mit den verschiedenen Formaten verbunden werden. In der Realität stellen sich diese Dimensionen weniger als binäre Ausprägungen, sondern vielmehr als Pole auf einem Koordinatensystem dar.

## 1. Transdisziplinäre Plattformen und Stakeholderforen

Der erste Idealtypus, der der Transdisziplinären Plattformen und Stakeholderforen, zeichnet sich dadurch aus, dass er die Pluralität und die Komplexität des Wissens zum eigenen Aushandlungsgegenstand innerhalb der Netzwerkbeziehungen macht. Transdisziplinäre Plattformen und Stakeholderforen zielen darauf ab, die Positionen und Sichtweisen möglichst heterogener, von einer bestimmten Problemlage betroffener Akteure zu inkludieren. Das Ziel ist es hierbei, einen grundsätzlichen Arbeitskonsens und damit Grundkonsenskorridore herzustellen. Selbstverständlich werden hier auch basale thematische Setzungen vorgenommen. Entscheidend ist hierbei jedoch, dass gleichzeitig die prinzipielle Deutungsoffenheit dieser Themensetzung explizit problematisiert und zur Aushandlung wird. Den Idealtypus der Transdisziplinären Plattformen und Stakeholderforen verkörpern beispielsweise die »Trialoge zur Energiewende«, die von der Humboldt-Viadrina-Governance-Plattform seit 2014 und seit 2015 in Kooperation mit dem Akademienprojekt »Energiesysteme der Zukunft (ESYS)«, einer Initiative der Deutschen Akademie der Technikwissenschaften, der Nationalen Akademie der Wissenschaften Leopoldina und der Union der deutschen Akademien der Wissenschaften, durchgeführt werden. Unter Einbeziehung möglichst aller Stakeholdergruppen aus Wissenschaft,

Zivilgesellschaft, Politik und Wirtschaft zielen diese auf die Aushandlung grundlegender Problemverständnisse und die Erarbeitung eines Konsenskorridors zu unterschiedlichen Fragestellungen der Energiewende.

## 2. Partizipative Assessments und Foresights

Von diesem ersten Typus lässt sich ein zweiter Typus von PEAs abgrenzen, die Partizipativen Assessments und Foresights, der zwar ebenfalls heterogene und möglichst alle von einem Problem betroffenen Akteursgruppen dazu einlädt, ihr Wissen einzubringen, allerdings innerhalb eines vorab gesetzten Rahmens, der nicht mehr zur Aushandlung steht. Dem Problem der Pluralität von Problemrahmungen begegnen Partizipative Assessments und Foresights also, indem sie diese gezielt *nicht* zum Verhandlungsgegenstand machen. Für diesen Typ von PEAs ist es charakteristisch, von bestimmten geteilten Grundannahmen und Themensetzungen auszugehen und dadurch gezielt die sachliche Komplexität zu reduzieren. Ein starker Fokus wird dabei auf das Entwerfen und Bewerten konkreter Lösungsansätze gelegt. Zugleich beziehen diese Formate jedoch unterschiedliche Stakeholderpositionen und wissenschaftliche Standpunkte bei der Erstellung und Bewertung von Lösungsansätzen innerhalb des von ihnen gesetzten Rahmens ein. Hinsichtlich der sozio-politischen Dimension der Akteurskonstellation besitzen sie aus diesem Grund einen hohen Komplexitätsgrad. Ein Beispiel für diesen PEA-Typ ist die »Agora Energiewende«, eine gemeinsam von der Stiftung Mercator und der European Climate Foundation initiierte Denkfabrik. Die Agora Energiewende hat sich zum Ziel gesetzt, »wissenschaftlich durchgerechnete« und politisch umsetzbare Pfade und Handlungsoptionen für die Energiewende zu erarbeiten. Den vorab bestimmten thematischen Fokus bildet dabei der Stromsektor in Deutschland und insbesondere das hierfür gesetzlich formulierte Ziel der Erhöhung des Anteils der Erneuerbaren Energien an der Stromversorgung auf mindestens 80 Prozent bis spätestens zum Jahr 2050. Andere Rahmungen der Energiewende, beispielswiese im Sinne eines politikfeldübergreifenden Problems, das auch Mobilität und Wärme umfasst, liegen außerhalb dieser Fokussierung der Agora Energiewende auf den Stromsektor.

## 3. Monitoring-Prozesse und Simulationen

Ein weiterer Typus von PEAs, die Monitorings und Simulationen, zeichnet sich dadurch aus, dass hier der Komplexitätsgrad sowohl in der sozio-politischen als auch in der sachlich-epistemischen Dimension reduziert wird. Es liegt hier in epistemischer Hinsicht eine deutliche thematische und inhaltliche Fokussierung, also eine vorab festgesetzte Problemrahmung, vor. Die Heterogenität der einzubeziehenden Akteure wird dabei deutlich beschränkt. Meist setzen sich diese Formate aus ausgewählten Experten und Sachverständigen zusammen. Die Festlegung von Parametern und Kategorien sowie ihre Mess- und Berechenbarkeit bilden dabei zentrale Grundlagen, um diese mithilfe von Vergleichsindikatoren oder mittels experimenteller und quasi-experimenteller Verfahren wie Simulationen bearbeitbar zu machen. Die sozio-politische Fokussierung auf bestimmte Akteursgruppen geht zudem mit einer Priorisierung bestimmter Perspektiven und Relevanzzonen des Wissens einher. Dies erweist sich bei der Erarbeitung von Lösungsstrategien als folgenreich, da das Wissen der Experten die Festlegung der entscheidenden Rahmenfaktoren und Kategorien der Problembewältigung determiniert. Ein Beispiel hierfür ist die seit 2012 beim Bundesministerium für Wirtschaft und Energie (BMWi) angesiedelte Expertenkommission zum Monitoring-Prozess »Energie der Zukunft«. Diese erarbeitet eine Stellungnahme zum jährlichen Monitoringbericht der Bundesregierung, der auf Basis eines festen Indikatorensystems energiestatistische Informationen zu einer retrospektiven Bestandsaufnahme der Umsetzung der Energiewende verdichtet. Seit 2014 erarbeitet die Expertenkommission zudem alle drei Jahre eine Stellungnahme zum prognostischen Fortschrittsbericht zur Energiewende.

## 4. Reallabore und Experimentierräume

Eine spannende und neuartige Entwicklung stellt die zunehmende Bedeutung offenerer experimenteller Formate wie sogenannte Reallabore und Experimentierräume dar. Dieser vierte Typus folgt – trotz der begrifflichen Nähe – nicht der klassischen Idee des naturwissenschaftlichen Experiments, Komplexität zu reduzieren und die Rahmenbedingungen möglichst stark zu kontrollieren. Stattdessen zeigen Reallabore und Experimentierräume bei der Problemerkundung und Entwicklung von Lösungsoptionen eine Offenheit für die realweltliche Komplexität der Zusammenhänge auf. In der sachlich-epistemischen Dimension reduzieren sie jedoch die Komplexität, indem sie eher auf eine ausgewählte und homogene Akteurskonstellation fokussieren, um bestimmte Lösungen vorerst in einem begrenzten Akteurskreis zu entwickeln und zu erproben. Das experimentelle Erproben meint hier aber nicht das Testen von Kausalitätsannahmen unter den strengen Kontrollbedingungen des Laborexperimentes. Es geht hier um Praktiken des Ausprobierens in einer heterogenen Akteurskonstellation mit dem Ziel der Bearbeitung von praktischen Problemen. Die Idee dahinter ist, dass man sich zwar auf bestimmte Probleme oder praktische Fragen fokussiert, aber die Komplexität der Probleme nicht schon von vornherein stark reduziert, sondern anerkennt und im Kleinen schaut und auch aufzeigt, was sich an einer konkreten Situation verändert, wenn man Dinge variiert und neue Wege beschreitet. Auch die Möglichkeit des Scheiterns oder des Eintritts unvorhergesehener Konsequenzen ist bei Reallaboren und Experimentierräumen, zumindest dem Anspruch nach, immer gegeben. Ein Beispiel ist die »Energieavantgarde Anhalt«, ein 2016 durch die Stiftung Bauhaus Dessau und der Ferropolis GmbH initiiertes Akteursnetzwerk in der Region Anhalt-Bitterfeld-Wittenberg, das in Kooperation mit ausgewählten regionalen und überregionalen Partnern aus Wissenschaft, Politik, Wirtschaft und Zivilgesellschaft einen Umbau des regionalen Energiesystems erarbeitet und dabei eine Verschränkung der

Simultananforderungen der unterschiedlichen Problemaspekte wie Wärme und Mobilität anstrebt.

## Schlussfolgerungen: Die Vermessung von Wissenslandschaften

Im Übergang von der Verwendungs- zur Vernetzungsperspektive wird es nun möglich, die Anerkennung oder auch Umstrittenheit von Nachhaltigkeitswissen und anderen Formen der Expertise als ein Resultat komplexer und relationaler Praktiken zu begreifen, die sozio-politische und sachlich-epistemische Rahmensetzung und Grenzziehung produzieren und dabei insbesondere an den Schnittstellen – im Nexus – von unterschiedlichen nachhaltigkeitsrelevanten Politikfeldern wirksam werden. Damit geht eine erhebliche Zunahme an Komplexität und Unsicherheit einher, die insbesondere dadurch gesteigert wird, dass Problemdefinitionen und Lösungsansätze gesellschaftlich in unhintergehbarer Weise auslegungsbedürftig und umstritten sind. Es sind im Nachhaltigkeitsbereich vor allem diese Politikfeldinterdependenzen, die Akteure aus Politik, Wirtschaft, Zivilgesellschaft und Wissenschaft vor komplexe Koordinierungs- und Wissensprobleme stellen. Mehr denn je ist das Wissen über Nachhaltigkeit gesellschaftlich verteilt und in seiner Verwendung das Ergebnis komplexer Vernetzungen.

Als eine Antwort auf diese Probleme haben sich seit der letzten Dekade eine Reihe von Expertenarrangements jenseits von klassischen Beiräten und Sachverständigenkommissionen herausgebildet. Wir haben in diesem Beitrag die idealtypischen Varianten solcher Policy Expert Arrangements mit ihren Ordnungs- und Handlungslogiken kurz dargestellt und anhand von Beispielen illustriert. Welche Expertise für gültig und bedeutsam gehalten wird, hängt maßgeblich von Strukturen solcher Expertenarrangements ab, die darüber bestimmen, welche Akteure sich legitimerweise an der Wissensproduktion beteiligen (oder nicht) und die epistemisch-sachliche Problemrahmung als vorab gesetzt oder dezidiert verhandelbar vorstrukturieren. Versteht man PEAs wie in unserem konzeptionellen Vorschlag als Wissensnetzwerke, so bilden die potenziellen und realisierten Beziehungen zwischen den Akteuren die Erkenntnisgrundlage für die Analyse von Expertenwissen im Nexus unterschiedlicher Politikfelder.

Die Netzwerkperspektive hat auch methodische Implikationen: Die komplexe und sich kontinuierlich wandelnde Landschaft von Expertenarrangements kann mittels der sozialen Netzwerkanalyse und entsprechender Softwaretools auch quantitativ vermessen und visuell greifbar gemacht werden. Um den Austausch- und Koordinationsbeziehungen in und über diese PEAs im Nexus zwischen unterschiedlichen Politikfeldern analytisch Rechnung zu tragen und sie empirisch untersuchen zu können, bietet sich die relationale Perspektive der sozialen Netzwerkanalyse an. Durch die Anwendung netzwerkanalytischer Konzepte gelingt es dabei, das Beziehungsgeflecht der PEAs sowie der in ihnen und durch sie verbundenen Akteure analytisch aufzuschlüsseln. Auf dieser Basis lässt sich zum einen eine Kartographie der sich verdichtenden Landschaft von Policy Expert Arrangements erstellen und für jeden der oben vorgestellten Idealtypen zentrale und weniger zentrale bzw. periphere Arrangements bestimmen. Durch die Nutzung netzwerkanalytischer Zentralitätsmaße (wie Grad und Dichte) und die Positionierung der PEAs in ihren jeweiligen Politikfeldern, kann zudem gezeigt werden, welche PEAs den festen Kern eines Politikfelds ausmachen und zuvorderst der Verfestigung von bestehenden Wissensbeständen dienen. Auf der anderen Seite eröffnet der analytische Zugang zugleich die Chance durch strukturelle Löcher (Burt 1992) und schwache Beziehungen (Granovetter 1973) die PEAs und Schlüsselakteure zu identifizieren, die als sogenannte Broker, d. h. als Bindeglied zwischen ansonsten unverbundenen Akteursgruppen (oder Netzwerk-Hubs) fungieren. Für den effektiven Wissenstransfer innerhalb des Netzwerks und das Potenzial, »neues« Wissen in das Netzwerk einzuspeisen, sind diese Positionen und Akteure von besonderer Bedeutung. So wird dann unter Umständen auch deutlich, warum es einzelnen Akteuren wie etwa Ministerien oder Behörden mitunter nicht zu gelingen scheint, Neuerung oder alternative Wissensquellen zu erschließen, selbst wenn sie eng mit hochgradig reputierten Experten zusammenarbeiten. Sie befinden sich dann vielleicht in einer ungünstigen Netzwerkposition, die sie strukturell auf Distanz hält zu innovativen Akteuren oder zu solchen Akteuren, die unterschiedliche Wissensbestände oder Akteursgruppen miteinander verbinden und für die Verbreitung von Neuerungen sorgen.

Eine solche Analyse gibt also Aufschluss über die sozialen Rollen der Schlüsselakteure im Expertennetzwerk. Die Ermittlung dieser unterschiedlichen Akteursrollen und ihrer Träger im Netzwerk ist deshalb von wissenschaftlicher und gesellschaftlicher Relevanz, weil sich für zentrale Schlüsselakteure und Broker besondere Einflussmöglichkeiten und Machtpositionen ergeben. Durch im Feld anerkannte und etablierte Schlüsselakteure können bestehende Wissensbestände manifestiert werden, während Broker zu einer Rekombination von etablierten und neuen Wissenselementen beitragen können. Aus demokratietheoretischer Sicht ist dabei von besonderem Interesse, wie die Einfluss- und Machtpositionen im Netzwerk zwischen den unterschiedlichen gesellschaftlichen Bereichen – Politik, Wirtschaft, Wissenschaft und Zivilgesellschaft – verteilt sind.

Die skizzierten Varianten von Expertenarrangements machen zudem, so das Argument für eine Weiterentwicklung unserer Konzeptualisierung, nicht nur sozio-politisch und sachlich-epistemisch, sondern auch räumlich einen erheblichen Unterschied für die Verwendung und Verbreitung von Nachhaltigkeitswissen (vgl. zu dieser Unterscheidung Beck und Mahoney 2018, S. 3). So ließe sich nach arrangementspezifischen Unterschieden in der Bedeutung räumlicher Kopräsenzen von Akteuren für die Wissenserzeugung fragen, ebenso wie nach dem damit möglicherweise zusammenhängenden räumlichen Gültigkeitsanspruch des produzierten Wissens: Welche Arrangements streben ein möglichst hohes Abstraktionsniveau an, um extra-lokal anerkanntes

Wissen zu produzieren, das global Verbreitung und Anwendung erfährt? Welche Arrangements beanspruchen eher eine nur zwischen ähnlichen Gefügen und Kontexten vermittelbare, an bestimmte – lokale, nationale oder regionale – Jurisdiktionen und Kulturen gebundene Relevanz? Und welche Formate zielen möglicherweise gar nicht primär auf eine extra-lokale Transzendenz der Ergebnisse ab, sondern suchen nach Möglichkeiten der intensiven, möglichst konkreten Umsetzung eines Wissens, das für einen bestimmten Kontext einmalige Gültigkeit beansprucht? Es entsteht so ein Gefüge der Abstufung zwischen Entscheidungsebenen, der Herausbildung spezifischer regionaler Zusammenhänge und der jeweils unterschiedlichen Priorisierung und Repräsentation räumlicher Zusammenhänge zwischen dem »Lokalen« und dem »Globalen« (Beck und Mahoney 2018). In solchen Wissenslandschaften mit ihren jeweiligen Sinnprovinzen, sedimentierten Autoritätsbeziehungen und Deutungshorizonten variieren die Verständnisse dessen, was als gültiges und entscheidungsrelevantes Nachhaltigkeitswissen zählt. Die Vernetzungsforschung vermag diese Differenzen sichtbar zu machen und jenes schwierige Terrain zu vermessen, in dem Expertise sich auch zukünftig bewähren muss.

## Literatur

Ansell, C.; Gash, A. (2017): Collaborative Platforms as a Governance Strategy. Journal of Public Administration Research and Theory(1), S. 16–32.

Aykut, S. C. (2015): Energy futures from the social market economy to the Energiewende: The politicization of West German energy debates, 1950–1990, in: Andersson, J.; Rindzeviciute E. (Hrsg.): The Struggle for the Long Term in Transnational Science and Politics: Forging the Future, New York/London, S. 93–144.

Beck, S.; Mahoney, M. (2018): The IPCC and the new map of science and politics. WIREs Climate Change. https://doi.org/10.1002/wcc.547.

Beck, U.; Bonß, W. (Hrsg.) (1989): Weder Sozialtechnologie noch Aufklärung? Analysen zur Verwendung sozialwissenschaftlichen Wissens, Frankfurt am Main.

Bijker, W. E.; Bal, R.; Hendriks, R. (2009): The Paradox of Scientific Authority. The Role of Scientific Advice in Democracies, Cambridge/London.

Bonß, W. (2003): Jenseits von Verwendung und Transformation, in: Franz H.; Howaldt, J.; Jacobsen, H.; Kopp, R. (Hrsg.): Forschen – lernen – beraten. Der Wandel von Wissensproduktion und -transfer in den Sozialwissenschaften, Berlin, S. 37–52.

Bornemann, B. (2014): Policy-Integration und Nachhaltigkeit: Integrative Politik in der Nachhaltigkeitsstrategie der deutschen Bundesregierung. Wiesbaden.

Burt, R. S. (1992): Structural Holes. The Social Structure of Competition. Cambridge.

Canzler, W. (2017): Mit angezogener Handbremse: zum Stand der Energiewende. Aus Politik und Zeitgeschichte 67(16/17), S. 31–38.

Caplan, N.; Morrison, A.; Stambaugh, R. J. (1975): The Use of Social Science Knowledge in Policy Decision at the National Level. A Report to Respondents, Ann Arbor Center for Research on the Utilization of Scientific Knowledge, Michigan.

Emerson, K.; Nabatchi, T. (2015): Collaborative Governance Regimes. Washington, DC.

Engel, T.; Klindworth, K.; Knieling, J. (2018): Einflüsse von Pionieren auf gesellschaftliche Transformationsprozesse im Handlungsfeld Energie, in: Franz, H. W.; Kaletka, C. (Hrsg.): Soziale Innovationen lokal gestalten, Wiesbaden, S. 215–231.

Fischer, M.; Leifeld, P. (2015): Policy Forums: Why Do They Exist and What Are They Used For? Policy Sciences 48(3), S. 363–382.

Geden, O.; Beck, S. (2015): Klimapolitik am Scheideweg. Aus Politik und Zeitgeschichte 65, S. 12–18.

Granovetter, M. S. (1973): The strength of weak ties. American Journal of Sociology Vol. 78 (6), S. 1360–1380.

Guston, D. (2000): Between Politics and Science. Assessing the Integrity and Productivity of Research, Cambridge.

Haas, P. M. (1992): Introduction: epistemic communities and international policy coordination. International organization 46(1), S. 1–35.

Hay, C. (2010) New Directions in Political Science. Responding to the Challenges of an Interdependent World, London.

Heclo, H. (1978): Issue Networks and the Executive Establishment, in: King, A. (Hrsg.): The New American Political System, Washington.

Hoppe, R. (2005): Rethinking the science-policy nexus: from knowledge utilization and science technology studies to types of boundary arrangements. Poiesis and Praxis 3(3), S. 199–215.

Hoppe, R. (2009): Scientific advice and public policy: expert advisers' and policymakers' discourses on boundary work. Poiesis and Praxis 6, S. 235–263.

Jarren, O.; Wessler, H. (1996): Gesellschaftswissenschaften in der Medienöffentlichkeit, Darmstadt.

Jasanoff, S. (1990): The Fifth Branch: Science Advisers as Policymakers, Cambridge/London.

Jasanoff, S. (2005): Designs on Nature: Science and Democracy in Europe and the United States, Princeton (NJ).

Jung, A.; Korinek, R.; Straßheim, H. (2014): Embedded expertise: a conceptual framework for reconstructing knowledge orders, their transformation and local specificities. Innovation: The European Journal of Social Sciences 27(4), S. 398–419.

Kingdon, J. W. (1984): Agendas, Alternatives, and Public Policies, Boston.

Limoges, C. (1993): Expert Knowledge and Decision-Making in Controversy Contexts. Public Understanding of Science 2, S. 417–426.

Livingston, S. (1992): Knowledge Hierarchies and the Politics of Ideas on American International Commodity Policy. Journal of Public Policy 12, S. 223–242.

Miller, P. (2001) Governing by Numbers: Why Calculative Practices matter. Social Research 68, S. 379–396.

Neun, O. (2016): Die Verwendungsdebatte innerhalb der deutschen Soziologie: eine vergessene Phase der fachlichen Selbstreflexion, in: Staubmann, H. (Hrsg.): Soziologie in Österreich – Internationale Verflechtungen, Innsbruck, S. 303–315.

Pielke, R. J. (2011): The Honest Broker: Making Sense of Science in Policy and Politics, Cambridge.

Prewitt, K.; Schwandt, T. A.; Straf, M. L. (Hrsg.) (2012): Using science as evidence in public policy, Washington.

Rittel, H.; Webber, M. (1973): Dilemmas in a General Theory of Planning. Policy Sciences 4, S. 155–169.

Rüb, F.; Straßheim, H. (2012): Politische Evidenz. Rechtfertigung durch Verobjektivierung, in: Geis, A.; Nullmeier, F.; Daase, C. (Hrsg.): Der Aufstieg der Legitimitätspolitik. Rechtfertigung und Kritik politisch-ökonomischer Ordnungen (Leviathan-Sonderband 27/2012). Baden-Baden, S. 377–397.

Sedlačko, M.; Staroňová, K. (2015a): From Knowledge Utilization to Building Knowledge Networks. Central European Journal of Public Policy 9(2), S. 4–8.

Sedlačko, M.; Staroňová, K. (2015b): An Overview of Discourses on Knowledge in Policy: Thinking Knowledge, Policy and Conflict Together. Central European Journal of Public Policy 9(2), S. 10–53.

Shulock, N. (1999): The Paradox of Policy Analysis: If It Is Not Used, Why Do We Produce So Much of It? Journal of Policy Analysis and Management 18, S. 226–244.

Stirling, A. (2015): Developing ›Nexus Capabilities‹: towards transdisciplinary methodologies (Paper präsentiert auf dem Nexus Network Workshop ›Transdisciplinary Methods for Developing Nexus Capabilities‹, an der Universität von Sussex (UK), Brighton (Sussex), 29.–30. Juni 2015.

Stone, D. (2012): Knowledge Actors and Transnational Governance: The Private-Public Policy Nexus in the Global Agora, London.

Straßheim, H. (2011): Netzwerkpolitik. Governance und Wissen im administrativen Austausch (Band 6 der Reihe »Modernes Regieren«), Baden-Baden.

Straßheim, H. (2015): Politics and policy expertise: towards a political epistemology, in: Fischer, F.; Torgerson, D.; Durnová, A.; Orsini, M. (Hrsg.): Handbook of Critical Policy Studies, Cheltenham, UK/Northampton, S. 319–340.

Sundqvist, G. et al. (2017): One world or two? Science–policy interactions in the climate field. Critical Policy Studies 11(3), S. 1–21.

Voss, J.; Simons, A. (2014): Instrument constituencies and the supply side of policy innovations: the social life of emmissions trading. Environmental Politics 23(5), S. 735–754.

Wagner, P.; Weiss, C. H.; Wittrock, B.; Wollman, H. (Hrsg.) (1991): Social Sciences and Modern States. National Experiences and Theoretical Crossroads. Cambridge.

Waughray, D. (Hrsg.) (2011): Water Security: The Water-Food-Energy-Climate Nexus. World Economic Forum Water Initiative, Washington.

Weiss, C.; Bucuvalas, M. (1980): Social Science Research and Decision-Making. New York.

Wingens, M. (1988): Soziologisches Wissen und politische Praxis. Neuere theoretische Entwicklungen der Verwendungsforschung, Frankfurt am Main/New York.

# Relevanzbeurteilungen in der Nachhaltigkeitsforschung. Von Experteneinschätzungen, Bauchgefühl und Urteilskraft

Armin Grunwald

## 1 Die Allgegenwart von Relevanzbeurteilungen

Wissenserzeugung hat in sehr genereller Weise mit Relevanzbeurteilungen zu tun. Denn wenn etwas untersucht und eine Forschungsfrage beantwortet werden soll, wird üblicherweise ein Untersuchungsbereich mit Grenzen festgelegt, durch die das Relevante von allem abgetrennt wird, was für die Beantwortung der Forschungsfrage als nicht oder wenig relevant angesehen wird. Häufig wird der als relevant erachtete Bereich dann als *System* bezeichnet, das Ausgeschlossene als *Systemumwelt*.

Wissenserzeugung für nachhaltige Entwicklung ist so gesehen in Bezug auf Relevanzbeurteilungen nichts Besonderes. Durch ihre inter- und transdisziplinäre Ausrichtung (Padmanabhan 2018) dürfte jedoch die Relevanz der Relevanzproblematik, um hier eine rekursive Formulierung einzuflechten, größer sein als in vielen disziplinären Kontexten, in denen durch Forschungstraditionen und etablierte Regeln Relevanzbeurteilungen häufig – aber keineswegs immer – nicht kontrovers sind. In vielen Feldern der Nachhaltigkeitsforschung wird in der Tat über Relevanzen gestritten, so etwa, wenn beim Life Cycle Assessment (LCA) für den Untersuchungsbereich die Systemgrenzen in räumlicher, zeitlicher und thematischer Hinsicht festgelegt werden müssen (Kap. 3).

Diese Festlegungen haben Folgen – bekannt ist die vergleichende Ökobilanzierung von Einweg- und Mehrwegverpackungen. Was besser und was schlechter abschneidet, hängt oft sensitiv von der Wahl der Systemgrenzen ab.

>»Wie bereits vorher angedeutet, sind die Ergebnisse einer Ökobilanz stark von den gesetzten Rahmenbedingungen, den untersuchten Produktalternativen und den berücksichtigten Umweltindikatoren abhängig. Dies führt dazu, dass es eine Reihe von einzelnen Fallstudien gibt, die einzelnen der vorher gezeigten Handlungshinweise widersprechen oder gar gegenteilige Empfehlungen abgeben.« (Jungbluth 2007, S. 67)*

Relevanzbeurteilungen sind also ziemlich relevant. Während dies in den jeweiligen Feldern der Nachhaltigkeitsforschung, z. B. im LCA, erkannt ist, diskutiert wird und des Öfteren zu Kontroversen führt, gibt es wenig übergreifende Überlegungen zu dieser Thematik.[1] In rein illustrativer Absicht und ohne Anspruch auf Systematik oder gar Vollständigkeit seien folgende Stellen in der Nachhaltigkeitsforschung genannt, in denen regelmäßig, vermutlich in praktisch jedem Projekt, entsprechende Relevanzbeurteilungen vorgenommen werden müssen (nach Grunwald 2016):

- Welche Wissensbestände sind relevant, um ein bestimmtes Problem nachhaltiger Entwicklung adäquat zu erforschen und Lösungsoptionen zu entwickeln? Welche wissenschaftlichen Disziplinen, Positionen, Meinungen und Expertisen sollen daher in das jeweilige Projekt einbezogen werden?
- *Beteiligung*: Welche gesellschaftlichen Akteure (Personen und Gruppen) sind relevant für die Problemdefinition, zur Heranziehung lokalen Wissens und zur Berücksichtigung involvierter Werte?
- *Systemgrenzen*: Welche Systemgrenzen schließen die für eine Nachhaltigkeitsuntersuchung relevanten Fragen ein und erlauben, die nicht oder

---

1 Dieser Beitrag baut auf früheren Überlegungen des Autors auf (Grunwald 2003; Grunwald 2016, Kap. 11 und Kap. 13).

weniger relevanten auszuschließen? Welche zeitliche und räumliche Ausdehnung von Ursache/Wirkungsbeziehungen soll zugrunde gelegt werden, um alle relevanten Effekte zu berücksichtigen?

- *Modellierung*: Welche Effekte und Wechselwirkungen innerhalb der Systemgrenzen werden als relevant für die jeweilige Fragestellung und welche als vernachlässigbar angesehen?
- *Indikatoren*: Welche Indikatoren sind relevant, um eine bestimmte Sachlage der Nachhaltigkeit, z. B. den Grad der Erfüllung einer Nachhaltigkeitsregel, adäquat zu erfassen?

Relevanzbeurteilungen begleiten also Forschungsprojekte zur Nachhaltigkeit auf ihrem gesamten Weg. Freilich sind sie besonders relevant – pardon, aber diese Rekursivität wird sich noch mehrfach aufdrängen – in der Design- und Anfangsphase von Projekten.

Die Omnipräsenz und Bedeutung von Relevanzbeurteilungen kontrastiert mit einer eher geringfügigen Befassung auf der methodologisch-konzeptionellen Ebene. Erstaunlich ist dies vor allem im inter- und noch mehr im transdisziplinären Bereich der Nachhaltigkeitsforschung. Während im Grundsatz jede Art von Forschung vor die Herausforderung von Relevanzeinstufungen gestellt ist, ist diese Herausforderung in der inter- und transdisziplinären Forschung schwerer einzulösen. Denn in der disziplinären Forschung gibt es disziplinäre Einverständnisse und Regeln, die eine (weitgehend) einvernehmlich geteilte Basis für Relevanzeinschätzungen bilden. Dies ist schon interdisziplinär nicht mehr der Fall, schon gar nicht transdisziplinär. Dort können Relevanzen nur aus der Problemorientierung abgeleitet werden, was auf die Bedeutung des Prozesses für die Festlegung des jeweiligen Problems hinweist. Es ist diese für weite – freilich nicht für alle – Teile der Nachhaltigkeitsforschung einschlägige Diagnose, die Relevanzbeurteilungen als im Kontext der Nachhaltigkeit als besonders beachtenswerte Stelle im Forschungsprozess erweist.

In diesem Beitrag werde ich zunächst die LCA als schönes Anschauungsmaterial für die Relevanz von Relevanzbeurteilungen darstellen (Kap. 2). Hier kann, wie zu zeigen ist, weder der Anspruch auf Vollständigkeit noch das naturwissenschaftliche Objektivitätsideal eingelöst werden. Stattdessen sind Auslegungen und qualitative Interpretationen unumgehbarer Teil von Lebenszyklusanalysen. Sodann geht es um das mit Relevanzeinschätzungen verbundene Risiko (Kap. 3). Schließlich werde ich Relevanzbeurteilungen und ihren Begründungen in epistemischer Hinsicht nachgehen, was in systematischer Absicht den Kern dieses Beitrags ausmacht (Kap. 4).

## 2 Beispiel: Relevanzen in der Ökobilanzierung

Ökobilanzierung bzw. Lebenszyklusbewertung (Life Cycle Assessment, LCA) sind Vorzeigeverfahren zur möglichst objektiven Erfassung der Umweltauswirkungen von Produkten und Systemen und damit häufig Grundlage für Nachhaltigkeitsbewertungen (z. B. Zamagni et al. 2013). Die Zertifizierung der LCA in DIN ISO 14040 und 14044 dient gerade dem Zweck der Objektivierung durch Standardisierung.[2] Die LCA wurde dabei unter den Primat des naturwissenschaftlichen Vorgehens gestellt: »Entscheidungen innerhalb einer Ökobilanz basieren vorzugsweise auf naturwissenschaftlichen Erkenntnissen« (DIN EN ISO 2006a, S. 15). Der Satz ist offenkundig normativ gemeint: Die Erkenntnisse *sollen* vorzugsweise auf naturwissenschaftlichen Erkenntnissen aufgebaut werden. Dies legt die Erwartung nahe, dass die Normierung der Prozessschritte für eine Ökobilanz letztlich auf eine naturwissenschaftliche Messtheorie zur Bemessung der Umweltauswirkungen von Produkten oder anderen Objekten hinauslaufen sollte, deren Anwendung dann nach üblichem wissenschaftstheoretischen Verständnis die Nachvollziehbarkeit und Objektivität der Ergebnisse garantieren soll.

---

2 Dieses Kapitel stellt eine Kurzfassung des Kap. 11 in Grunwald (2016) dar.

Der Blick in den Text der ISO-Norm versucht das einzulösen, offenbart aber noch etwas anderes: Im Rahmen der durchaus nachvollziehbaren Prozessschritte und der Vorgaben für ihre Durchführung tauchen eine Fülle von nicht klar oder nicht einmal näher bestimmten Begriffen auf, die mit Relevanzzuschreibungen korrelieren. Die Behauptung, dass eine ISO-Norm mit dem Anspruch, vorzugsweise auf naturwissenschaftlichen Erkenntnissen aufzubauen, mit unbestimmten Begriffen arbeitet, die einer Auslegung bedürfen, bedarf des Nachweises. Zu diesem Zweck seien zunächst einige Passagen aus der ISO-Norm (DIN EN ISO 2006a) zitiert.

- Abschneidekriterien (Kap. 3.18 ebd.) zum Ausschluss von Stoffmengen oder Energieflüssen aus der Betrachtung in LCA-Studien sollen nach dem »Grad der Umweltrelevanz« bemessen werden
- mittels der Sensitivitätsprüfung (Kap. 3.41 ebd.) soll die »Relevanz« der Schlussfolgerungen aus einer Ökobilanz geprüft werden
- der Untersuchungsrahmen (Kap. 5.2.1.1 ebd.) sollte »hinreichend gut« definiert werden, um sicherzustellen, dass Breite, Tiefe und die Einzelheiten der Studie widerspruchsfrei und für das vorgegebene Ziel »hinreichend« sind
- Ökobilanzen werden erstellt (Kap. 5.2.3 ebd.), indem Produktsysteme als Modelle festgelegt werden, die die »wichtigsten« Elemente physischer Systeme beschreiben
- man braucht kein Augenmerk auf Inputs und Outputs zu richten, die die allgemeinen Schlussfolgerungen »nicht wesentlich« verändern (Kap. 5.2.3 ebd.)
- Sachbilanzen umfassen Datenerhebungen und Berechnungsverfahren zur Quantifizierung »relevanter« Input- und Outputflüsse eines Produktsystems (Kap. 5.3.1 ebd.)
- die untersuchten Produktsysteme sollen die von der vorgesehenen Anwendung betroffenen Produkte und Prozesse »hinreichend« berücksichtigen (Kap. A.2 ebd.)

Diese Liste enthält eine Fülle unbestimmter Begriffe wie »relevant«, »geeignet«, »wesentlich«, »hinreichend« oder »wichtig«. In weiteren Textstellen tauchen noch andere unbestimmte Begriffe auf, wie etwa »adäquat« oder »ausreichend«. Diese Begriffe haben hermeneutische Leerstellen und müssen für konkrete LCA-Studien ausgelegt und mit Inhalt gefüllt werden. Es muss im jeweiligen Projekt geklärt werden, was jeweils unter den Begriffen hinreichend, angemessen, ausreichend, wesentlich oder relevant verstanden werden soll, bis hin zu möglichst scharfen Kriterien, die z. B. »hinreichend« von »nicht hinreichend« oder »adäquat« von »nicht adäquat« oder »nicht adäquat genug« abgrenzen. Bei Praktikern sind diese Aspekte wohlbekannt und man hat Wege gefunden, mit diesen unbestimmten Begriffen umzugehen. Die inhaltliche Füllung unbestimmter Begriffe ist mit Bedeutungsfragen verbunden, weil sie nicht einfach logisches Deduzieren oder empiriegeleitetes Vorgehen ist, sondern *Auslegung,* Kontextualisierung und damit Bedeutungsarbeit enthält (Klauer et al. 2013). Je nachdem, wie die unbestimmten Begriffe projekt- oder kontextbezogen mit Inhalt gefüllt werden, kann sich die jeweilige Bedeutung von Nachhaltigkeit verschieben (Grunwald 2016).

Einige Konsequenzen dieser Beobachtung lassen sich leicht benennen. So fallen deutliche Widersprüche in der ISO-Norm selbst auf. Der erste Widerspruch betrifft den Zusammenhang zwischen der programmatisch geforderten vorzugsweisen Basierung der LCA auf naturwissenschaftlichen Erkenntnissen (s. o.) und der starken Abhängigkeit ihrer Umsetzung von der inhaltlichen Auslegung unbestimmter Begriffe mit Bezug zu interpretationsbedürftigen Bedeutungsfragen. Der zweite Widerspruch besteht zwischen der geforderten Ganzheitlichkeit und den an vielen Stellen geforderten Relevanzüberlegungen:

*»Eine Ökobilanz betrachtet alle Attribute und Aspekte von natürlicher Umwelt, menschlicher Gesundheit und Ressourcen. Durch die Berücksichtigung aller Attribute und Aspekte (...) können potenzielle Wechselwirkungen identifiziert und abgeschätzt werden.« (DIN EN ISO 2006, Kap. 4.1.7)*

Während hier eine nicht näher spezifizierte Vollständigkeit gefordert wird, sind die Ausführungsbestimmungen (z. B. zu den Systemgrenzen) durchzogen von Anforderungen an Relevanz (s. o.), die gerade angesichts der praktischen wie theoretischen Unmöglichkeit, das Verlangen nach Vollständigkeit einzulösen, helfen sollen, auch mit unvollständigem Wissen adäquate Antworten auf die Forschungs- und Bewertungsfragen zu finden.

Daher sind also Quantifizierungen in der LCA entsprechend interpretationsbedürftig. Quantitative Ergebnisse stehen aufgrund der unvermeidlichen Bedeutungszuschreibungen durch die inhaltliche Ausfüllung der genannten unbestimmten Begriffe eben nicht objektiv für sich selbst, sondern hängen von den zugrunde liegenden Relevanzentscheidungen ab. Sie müssen daher in einen transparenten *qualitativen Interpretationsrahmen* eingebunden werden, in dem die Relevanzeinschätzungen und die ihnen zugrunde liegenden Argumente ausgewiesen werden.

# 3 Risiken von Relevanzbeurteilungen

Relevanzentscheidungen haben Folgen. Sie beeinflussen den Ausgang von Nachhaltigkeitsbewertungen wie etwa durch LCA, aber auch in partizipativen Formaten oder in Reallaboren. Da sie die Projekte der Nachhaltigkeitsforschung besonders im Design, aber auch durchgehend begleiten, sind sie ein zentrales Element der Wissensproduktion für nachhaltige Entwicklung. Umgekehrt bedürfen sie auch belastbaren Wissens, um begründet zu sein (dazu Kap. 4). Relevanzentscheidungen haben damit Einfluss auf das Spektrum möglicher Entwicklungen und Entscheidungen in Bezug auf eine Transformation zur nachhaltigen Entwicklung. Sie haben Einfluss auf mögliche transformatorische Maßnahmen, deren Tragweite und involvierte Risiken nicht immer absehbar sind. Insbesondere die Abhängigkeit vom Stand des Wissens und die normative Unabgeschlossenheit der Gesellschaft führen dazu, dass

Relevanzentscheidungen grundsätzlich unter Risiken getroffen werden müssen, die sich im Nachhinein als Fehleinschätzungen für nachhaltige Entwicklung herausstellen können. Diese Risiken bestehen in zwei Richtungen:

- Die Relevanz bestimmter Entwicklungen für Nachhaltigkeit wird möglicherweise nicht oder nicht rechtzeitig erkannt, sodass es bei Erkennung zu nicht mehr abwendbaren oder schon eingetretenen Schäden kommt, deren Behebung erhebliche Anstrengungen erfordern würde oder vielleicht auch gar nicht mehr möglich wäre. Ein Beispiel wäre das Zusammenbrechen wichtiger Ökosysteme oder ein Versiegen des Golfstroms aufgrund selbstverstärkender Effekte im Klimawandel.

- Umgekehrt könnten sich als hoch relevant eingeschätzte Entwicklungen im Laufe der Zeit als weniger relevant erweisen, z. B. weil Selbstheilungskräfte (Resilienz) in natürlichen Systemen unterschätzt wurden. Das Waldsterben der 1980er-Jahre ist hier ein gutes Beispiel.

Während sich die Schäden im zweiten Fall auf eine Fehlallokation von Ressourcen beschränken würden, könnte der erstgenannte Fall dramatische Auswirkungen mit sich bringen, etwa im Klimawandel. Dies ist eines der zentralen Argumente der Theorie starker Nachhaltigkeit (Ott und Döring 2004), aus Vorsorgegründen im Zweifelsfall grundsätzlich erst einmal eine Relevanz anzunehmen und Naturkapital als nicht durch künstliches Kapital ersetzbar anzusehen. Die Folgen zu starker Relevanzbeurteilungen seien danach tragbar, während die Folgen von zu schwachen Relevanzentscheidungen unabsehbar seien und, in meiner Formulierung, letztlich Leichtsinn und Verhalten moralischer Hasardeure verkörpern. Allerdings kann es auch zu negativen Folgen von zu starker Relevanzsetzung kommen. So könnte die Aufblähung von Untersuchungsdimensionen, um auf der sicheren Seite zu bleiben, zu einer Überkomplexität der Analyse und damit möglicherweise zu Handlungsunfähigkeit in Bezug auf Schlussfolgerungen führen. Methodisch ganz analog zum Widerstreit zwischen Vorsorgeprinzip und Übermaßverbot gilt es also kontextbezogen abzuwägen.

Etwas näher betrachtet lassen sich unterschiedliche Risikotypen von Relevanzentscheidungen nach ihrer Quelle im Entscheidungsprozess und nach ihren Folgen unterscheiden (nach Grunwald 2003; die Aufstellung ist als eine heuristische Liste ohne Vollständigkeitsanspruch zu lesen):

- *epistemische Risiken*: Das Wissen, auf das sich die Relevanzbeurteilung erstreckt, ist unvollständig oder unsicher. Die Beantwortung von Fragen wie, ob bestimmte chemische Stoffe in der Atmosphäre relevant für die Klimaentwicklung sind oder ob sie für die menschliche Gesundheit relevant sind, hängt vom Stand des Wissens ab (man vergleiche den Wechsel der Einschätzungen hinsichtlich Asbest oder den Fluorchlorkohlenwasserstoffen zwischen den 1960er- und den 1990er-Jahren);
- *evaluative Risiken*: Es kann sein, dass in den Relevanzbeurteilungen falsche, einseitige oder unzureichende Relevanzkriterien in Anschlag gebracht wurden, wodurch wichtige Fragen möglicherweise ausgegrenzt wurden. Einerseits mag dies auf mangelndem Wissen beruhen und führt damit zurück auf epistemologische Risiken; andererseits jedoch ist vorstellbar, dass die Kriterienliste lückenhaft ist und dass ein möglicherweise vorhandenes Wissen nicht herangezogen wird, weil die Kriterien fehlen, auf deren Basis überhaupt daran gedacht werden könnte;
- *Risiken durch den Wandel von Kriterien*: Kriterien der Relevanzbewertung können sich im Rahmen des gesellschaftlichen Wertewandels ändern. So hat sich z. B. die Bedeutung der Erhaltung von ästhetisch wertvoller Landschaft in Gegensatz zu einer Industrielandschaft seit den 50er-Jahren sicher verschoben; ein solches Kriterium wäre vermutlich früher nicht in die Liste der Relevanzkriterien aufgenommen worden, während es heute teils sogar Aufnahme in Nachhaltigkeitskriterien gefunden hat (Kopfmüller et al. 2001, S. 262 ff.);
- *Risiken des Wissensmanagements*: (empirisches oder analytisches) Wissen über Relevanzen mag zwar gesellschaftlich vorhanden, aber im betreffenden Kontext nicht bekannt sein. Dies ist ein typisches Management-Problem verteilten Wissens in einer Wissensgesellschaft;

- *thematische Risiken*: Fehllaufende Relevanzentscheidungen der Nachhaltigkeitsforschung könnten dazu führen, dass bloß Antworten auf nicht gestellte
oder in der Praxis gar nicht »relevante« Fragen gegeben werden.

Die Voraussetzungen von Relevanzbeurteilungen möglichst transparent zu
machen und ihre Grundlagen möglichst belastbar zu gestalten und damit die
mit Relevanzeinschätzungen einhergehenden Risiken zu benennen, gehört
daher zu den wesentlichen Aufgaben eines transparenten und an diskursethi-
schen Maßstäben ausgerichteten Relevanzmanagements in der Nachhaltigkeitsforschung.

In der Praxis gibt es hierzu unterschiedliche Ansätze und Verfahren, die
meines Wissens bislang nicht systematisch untersucht wurden. Häufig werden
Experteneinschätzungen herangezogen, individuell oder methodengeleitet
über Fokusgruppen, Delphi-Verfahren oder andere Verfahren der Sozialforschung. Die Relevanzbaumanalyse, die die »Relevanz« immerhin im Namen
trägt, versucht einen systematischen Blick auf Verfahren der Relevanzzuschreibung, trägt jedoch substantiell nichts zu Relevanzbeurteilungen bei. Häufig
wird auf die Erfahrung von Experten und Wissenschaftlern hingewiesen, die
aus ihren praktischen Erfahrungen ein »tacit knowledge«, ein nicht expli-
zierbares Wissen über Zusammenhänge und Relevanzen beziehen. Auch das
Wort »Bauchgefühl« fällt gelegentlich. Hier ist sicher wesentlich, um wessen
Bauch es sich dabei handelt. Aber auch bei Expertenbäuchen bleibt ein unbe-
hagliches Gefühl zurück. Denn wenn Relevanzbeurteilungen wirklich so relevant sind, dann würde man sie nicht gerne dem Bauch überlassen, sondern
explizieren.

Eine solche Explikation kann nach dem Vorhergehenden nicht auf die
Erstellung einer objektiven Relevanzmetrik zielen, da es eine solche aufgrund
des beschränkten Wissens über zukünftige Entwicklungen und der normativen
Pluralität der Gesellschaft nicht geben kann. Relevanz- und Bedeutungsfragen
sind vielmehr auf qualitative Verfahren und Überlegungen angewiesen, die
zwar mehr als Bauchgefühl, aber weniger als ein streng objektives Vorgehen

sind. Entsprechend sind vermutlich wissenschaftliche Methoden und klare Regeln hier kaum begründbar, wohl jedoch heuristische Ansätze mit einer Verpflichtung zu möglichst großer Transparenz.

# 4 Zur epistemischen Struktur von Relevanzbeurteilungen

Relevanzbeurteilungen unterscheiden im Hinblick auf die jeweilige Thematik wichtige Aspekte von weniger wichtigen oder unwichtigen.[3] Etwas ist relevant für etwas anderes, wenn Ersteres von Bedeutung für Letzteres ist. Diese scheinbar so simple Erklärung führt jedoch in eine Reihe von kognitiven, konzeptionellen und methodischen Schwierigkeiten der Operationalisierung. Denn Sätze des Typs »A ist relevant für B« müssen erstens begründet werden. Zweitens stellen sich vielfach Anforderungen, unterschiedliche Grade der Relevanz zu unterscheiden und Fragen der Art zu beantworten, wie relevant *relevant genug* ist, wenn z. B. in einem Projekt nicht alle relevanten Aspekte, sondern nur die relevantesten berücksichtigt werden können. Es wäre also eine Relevanzmetrik erwünscht (s. u.). Das Feld der Relevanzbeurteilungen ist angesichts seiner Relevanz bislang erstaunlich wenig Gegenstand einer begrifflichen Kartierung oder einer logischen bzw. erkenntnistheoretischen Erschließung (Anderson und Belnap 1975; Dunn 1992), schon gar nicht im Kontext nachhaltiger Entwicklung.

Relevanzbeurteilungen lassen sich sprachpragmatisch als zunächst dreistellige Relationen rekonstruieren (Grunwald 2003): x wird als relevant für y nach Maßgabe der Relevanzkriterien z angesehen. Es handelt sich dabei um eine abstrahierende Redeweise für eine Vielzahl möglicher Aussagetypen, je

---

3 Dieses Kapitel basiert auf Grunwald (2016, Kap. 13) und verwendet Textabschnitte in identischer Form.

nachdem, welche Begründung für die Relevanzeinschätzung vorgebracht wird. Begründungen sind immer dann gefordert, wenn es um *verallgemeinerbare* Relevanzbeurteilungen gehen soll, wie dies im Bereich der Nachhaltigkeit grundsätzlich vorausgesetzt werden kann. Relevanzbeurteilungen können auf verschiedene Weise begründet werden:

- die *analytische* Begründung durch Verweis auf logisch zwingende oder analytisch wahre Zusammenhänge. So ist beispielsweise zur Untersuchung der Umweltauswirkungen von Flugzeugen das Emissionsverhalten der verwendeten Antriebsaggregate relevant. Diese Relevanzbeurteilung ist letztlich nichts als eine Implikation (Ott 1997).

- die *empirische* Begründung durch Verweis auf Erfahrungswissen. Durch empirische Messungen könnten sich beispielsweise Korrelationen zwischen zwei Größen A und B ausweisen lassen, die die Vermutung stützen, dass A für B relevant ist.

- die Begründung durch *Sensitivitätsanalysen* in Modellierungen und Simulationen, durch die quantitativ nachgewiesen werden kann, wie groß der Einfluss einer bestimmten Variable X auf das Gesamtverhalten eines Systems ist – also: nicht nur *ob*, sondern auch *wie* relevant X für das System ist.

- die *qualitative* Begründung auf Basis von Bewertungen, Deutungen und Einschätzungen, wenn es weder für noch gegen eine Relevanzbeurteilung analytisch oder empirisch eindeutige Indizien gibt. Diese Form der Relevanzbegründungen lässt sich am schlechtesten diskursethisch objektivieren und verursacht die häufigsten Einschätzungskonflikte.

In dieser Aufstellung wird unmittelbar deutlich, dass die obige dreistellige Rekonstruktion unzureichend ist: Relevanzbeurteilungen bedürfen nicht nur normativer Kriterien, sondern auch eines empirischen Wissens, auf dessen Basis die Relevanz begründet wird. Sie sind mit der Problematik des Wissens unter Bedingungen der Ungewissheit und Unvollständigkeit verbunden. Neues Wissen kann zu veränderten Relevanzeinschätzungen führen. Danach müssen also Relevanzverhältnisse *vierstellig* rekonstruiert werden:

*X wird als relevant für Y nach Maßgabe der Relevanzkriterien Z und unter*
*Zugrundelegung des Wissens W angesehen.*

Relevanzbeurteilungen verbinden damit normative und deskriptive Anteile und sind vom Stand des Wissens abhängig. Begründungen für Relevanzurteile führen Argumente für die Geltung entsprechend strukturierter Aussagen in der Nachhaltigkeitsforschung an.

In der Liste der oben unterschiedenen Begründungsformen von Relevanzeinschätzungen ist die analytische Form in der Regel unproblematisch. Sie besteht in einer klaren Implikationsaussage: Wenn ich mich mit A befassen will, impliziert dies notwendigerweise auch die Befassung mit B – B ist analytisch relevant für A (Ott 1997). Die empirische und die sensitivitätstheoretische Schlussweise sind verwandt, da für Sensitivitätsanalysen empirisches Wissen herangezogen werden muss. Sensitivitätsanalysen sind daher üblicherweise durch einen quantitativen Modellierungshintergrund spezifisch konzeptualisierte Begründungen mit empirischer Basis. Sie liefern Aussagen, wie sehr Änderungen bei den Eingangsbedingungen ein Ergebnis beeinflussen, also wie sensitiv ein System auf bestimmte Änderungen reagiert, wie relevant ein bestimmter Parameter für die Entwicklung eines Systems ist.

In Fragen der Nachhaltigkeit und ihrer Bedeutung spielen Sensitivitätsanalysen (Saltelli 2008) in bestimmten Bereichen (z. B. bei der integrativen Modellierung oder der Ökobilanzierung, s. o.) eine wichtige methodische Rolle. Die Möglichkeit ihres Einsatzes setzt jedoch immer voraus, dass genügend belastbares Wissen für eine quantitative Modellierung vorliegt. In anderen Fällen kommt es hingegen nur zu Relevanzvermutungen oder -hypothesen. Über Fragen der Art, welche Folgen interkulturelle Migration langfristig hat und wie relevant diese für bestimmte Nachhaltigkeitsaspekte seien oder welche Relevanz die in Zukunft möglicherweise stark zunehmenden anthropogenen Eingriffe in den natürlichen Genpool für eine nachhaltige Entwicklung haben, lässt sich trefflich streiten – objektivierende Verfahren der Relevanzbeurteilung wie

z. B. Sensitivitätsanalysen sind hier kaum oder gar nicht zweifelsfrei anwendbar. Hier stehen nur qualitative Erwägungen zur Verfügung.

Erschwert wird die Lage dadurch, dass es in der Regel nicht nur darum geht, festzustellen, *ob* etwas relevant oder irrelevant für nachhaltige Entwicklung ist, sondern *wie* relevant etwas ist. Um z. B. Forschungsprojekte zu entwerfen, in denen angesichts begrenzter Ressourcen und begrenzter Zeit eine begründete Eingrenzung von Zielen und des Gegenstandsbereichs vorgenommen werden muss, bedarf es einer *Abwägung* von Relevanzen. Der gerade im Feld der Nachhaltigkeit häufig geäußerte Satz, dass alles mit allem zusammenhänge, hilft hier nicht weiter, selbst wenn er zutreffen sollte: Es muss belastbar beurteilt werden, wie relevant *relevant genug* ist. Es sind also vergleichende Überlegungen anzustellen, ob es in einem begrenzten Budget beispielsweise sinnvoller sei, die zeitliche Reichweite der betrachteten Effekte auszudehnen oder eine breiter aufgestellte Gruppe von Stakeholdern zu beteiligen. Offenkundig sind hier Entscheidungen gefordert, die inkommensurable Aspekte integrieren, für die es also keine gemeinsame Metrik gibt. Die Abwesenheit einer gemeinsamen Metrik wirft die Entscheider dann auf qualitative Strategien der Abwägung zurück.

An dieser Stelle mag manche die Idee beschleichen, man könnte vielleicht eine *Relevanzmetrik* entwickeln, statt auf argumentativ mühsame und häufig schlecht objektivierbare Deutungen und Einschätzungen zu setzen, die dann aus diesem Grund häufig auch Gegenstand endloser Debatten sind. Eine solche Metrik, wenn es sie denn gäbe, sollte eine Liste der für die Beantwortung der jeweiligen Frage relevanten Einflussfaktoren liefern, und zwar geordnet nach dem Grad der Relevanz. Vielleicht, so könnten manche hoffen, könnten Relevanzschwellen definiert werden, die für eine gegebene Aufgabe *relevant genug* von *nicht relevant genug* trennen.

Dies ist freilich eine Erwartung, die weder einlösbar noch wünschenswert ist. Die qualitative Natur der Welt als ein Ensemble von Unikaten, wo es immer bestimmter Konstruktionen bedarf, um Regelmäßigkeiten zu erkennen, Allgemeines zu konstituieren und zu erlauben, Unikate unter Begriffe zu subsumieren, setzt dem Wunsch nach Objektivier- und Verallgemeinerbarkeit die existenzielle Gegebenheit des Besonderen gegenüber. Die Konstruktion des Allgemeinen ist an messtheoretische Voraussetzungen gebunden (Janich 1997), die außerhalb der Welt der Naturwissenschaften kaum erfüllbar sind. Daher sind Relevanzeinschätzungen notwendig auf hermeneutische und kontextbezogene Akte des Verstehens von Situationen und der Abwägung verwiesen.

Die Aussichtslosigkeit des Wunsches nach einer objektiven Relevanzmetrik lässt sich durch ein methodisches Argument stützen. Relevanzen stehen nicht für sich, sondern sind Teile von Relevanzhierarchien und hängen mit anderen Relevanzen zusammen. Beispielsweise müssen für quantitative Sensitivitätsanalysen, die Relevanzen erkennen sollen, Modellierungen vorgenommen und Systemgrenzen definiert worden sein. Dafür jedoch müssen bereits Relevanzentscheidungen vorgenommen worden sein, so etwa durch die Festlegung von Systemgrenzen. Wollte man diese wieder mit Sensitivitätsanalysen stützen, müssten auch dafür wieder Relevanzunterscheidungen in den dazu notwendigen Modellierungen getroffen worden sein und so fort. Methodisch läuft dies auf ein Anfangsproblem mit dem bekannten Münchhausen-Trilemma der Wissenschaftstheorie (Janich et al. 1974) hinaus.

Auch an anderer Stelle stößt man auf analoge Anfangsprobleme, so etwa in der LCA (s.o.): Die Ökobilanz soll »beim Auswählen von relevanten Indikatoren der Umwelteigenschaften« helfen (DIN ISO 2006a, Einleitung). Jedoch müssen bei der Erstellung der betreffenden Ökobilanz selbst eine ganze Reihe von Entscheidungen unter Relevanzaspekten getroffen werden, z.B. zu den Systemgrenzen (s.o., z.B. zu den Abschneidekriterien). Hier ist eine zirkuläre Argumentation involviert: Unter Relevanzaspekten soll etwas bestimmt werden, was helfen soll, angemessene Relevanzentscheidungen zu treffen. Wäre diese Beobachtung unter einem naturwissenschaftlichen Ideal desaströs, so kann sie nach den Beobachtungen aus Kap. 2 als Ausdruck eines hermeneutischen Zirkels verstanden werden, der bei der Suche nach der jeweiligen Bedeutung von Nachhaltigkeit unweigerlich zum Tragen kommt (vgl. Grunwald 2016,

Kap. 2.2). Problematisch allerdings kann es dann werden, wenn zu den inhaltlichen Relevanzüberlegungen auch inhaltsfremde Kriterien kommen wie die Datenverfügbarkeit oder der leistbare und finanzierte Aufwand. Hier können schwer auflösbare Gemengelagen zwischen der Forderung nach Relevanz unter Umweltaspekten und der Verfügbarkeit von Ressourcen die Folge sein.

Der hermeneutische Zirkel hat kein Ende in sich selbst. Man kann also nicht warten, bis alle Bedeutungsfragen abschließend geklärt sind. Stattdessen müssen zur Generierung von Nachhaltigkeitswissen Entscheidungen im Modus des »als ob« getroffen werden, also als ob die Bedeutungsfragen geklärt seien (Grunwald 2016). Dies erfolgt vor allem über Relevanzen. Es muss jemand oder ein Team feststellen, was wofür relevant ist und ob es *relevant genug* ist. Dies kann nicht allein über eine logische Deduktion oder eine empirische Messung erfolgen, sondern bedarf der *Urteilskraft*, wie Immanuel Kant dieses Vermögen genannt hat (nach Klauer et al. 2013).

> »*Urteilskraft im nachhaltigkeitspolitischen Feld setzt voraus, dass man eine gegebene Situation richtig einschätzt. (…) Es muss möglich sein, die unter Gesichtspunkten der Nachhaltigkeit entscheidenden Umstände zu erkennen, das handlungsrelevante Wissen, das die Wissenschaft und Praxis zur Verfügung stellen, von nichtrelevantem Wissen zu unterscheiden und den rechten Gebrauch davon zu machen*« (Klauer et al. 2013, S. 32).

Hier trifft sich das bereits eher in kritischer Absicht erwähnte »Bauchgefühl« mit Experteneinschätzungen. Gerade weil Relevanzurteile nicht bloß aus Wissen ableitbar sind, sondern Einschätzungen unter Kriterien darstellen, haben sie schlecht oder sogar nicht explizierbare Anteile analog etwa zu dem *tacit knowledge* von Ingenieuren, die die Launen ihrer Maschinen oft verblüffend gut kennen und damit umgehen können, ohne jedoch dieses *Know-how* komplett explizieren zu können. Es wird damit deutlich, dass praktische *Erfahrung* mit Relevanzeinschätzungen, also auch mit fehlgeschlagenen, eine wichtige Quelle für Zutrauen in Bauchgefühl und Experten darstellt.

# 5 Was folgt?

In diesem Beitrag wurde ein *expliziter* Blick auf Relevanzfragen und Relevanzbeurteilungen geworfen, die ansonsten meist implizit mitlaufen, deren Bedeutung die Akteure in der Nachhaltigkeitsforschung kennen, die Wege zum Umgang damit entwickelt haben, die aber trotzdem kaum die grundsätzliche Frage nach Strukturierungen und Begründungsstrategien für Relevanzeinschätzungen thematisieren. Relevanzeinschätzungen sind nicht rein epistemisch machbar, aber ohne belastbares Wissen auch nicht begründbar. In der Gemengelage von Wissen, Kriterien und Vermutungen ist Urteilskraft erforderlich, eine altmodisch erscheinende Kategorie. »Altmodisch« ist hier aber kein relevantes Kriterium – schließlich geht es um Relevanzen im Sinne nachhaltiger Zukunftsgestaltung.

## Literatur

Anderson, A. R., Belnap, N. (1975): Entailment: the logic of relevance and necessity. Vol. I, Princeton University Press.

DIN EN ISO 14040 (2006a): Umweltmanagement – Ökobilanz – Grundsätze und Rahmenbedingungen, Berlin/Brüssel.

DIN EN ISO 14044 (2006b): Umweltmanagement – Ökobilanz – Anforderungen und Anleitungen, Berlin/Brüssel.

Dunn, J. M. (1992): Entailment: the logic of relevance and necessity. Vol. II, Princeton University Press.

Grunwald, A. (2003): Relevanz und Risiko. Zum Qualitätsmanagement integrativer Forschung, in: N. Gottschalk-Mazouz, N. Mazouz (Hrsg.): *Nachhaltigkeit und globaler Wandel. Integrative Forschung zwischen Normativität und Unsicherheit*. Frankfurt, New York: Campus, S. 257–276.

Grunwald, A. (2016): Nachhaltigkeit verstehen. Arbeiten an der Bedeutung nachhaltiger Entwicklung. Oekom Verlag, München.

Janich, P. (1997): Kleine Philosophie der Naturwissenschaften. München.

Janich, P., Kambartel, F., Mittelstraß, J. (1974): Wissenschaftstheorie als Wissenschaftskritik, Frankfurt am Main.

Jungbluth, N. (2007): Bilanzierung von Nahrungsmitteln. Technikfolgenabschätzung. Theorie und Praxis 16(2007)3, S. 61–67.

Klauer, B., Manstetten, R., Petersen, T., Schiller, J. (2013): Die Kunst, langfristig zu denken. Baden-Baden: Nomos.

Kopfmüller, J., Brandl, V., Jörissen, J., Paetau, M., Banse, G., Coenen, R., Grunwald, A. (2001): Nachhaltige Entwicklung integrativ betrachtet. Konstitutive Elemente, Regeln, Indikatoren, Berlin.

Ott, K. (1997): IPSO FACTO – Zur ethischen Begründung normativer Implikate wissenschaftlicher Praxis. Frankfurt am Main: Suhrkamp.

Ott, K., Döring, R. (2004): Theorie und Praxis starker Nachhaltigkeit. Marburg.

Padmanabhan, M. (Hrsg.) (2018): Transdisciplinary Research and Sustainability. Collaboration, Innovation and Transformation. New York: Routledge.

Saltelli, A. (Hrsg.) (2008): Global sensitivity analysis: the primer. Wiley, Chichester.

Zamagni, A., Pesonen, H.-L., Swarr, T. (2013): From LCA to Life Cycle Sustainability Assessment: concept, practice and future directions. The International Journal of Life Cycle Assessment 18, S. 1637–1641.

# Wissen auf die Straße – ko-kreative Verkehrspolitik jenseits der »Knowledge-Action-Gap«

**Dirk von Schneidemesser, Jeremias Herberg, Dorota Stasiak**

Das Verhältnis zwischen Nachhaltigkeitswissen und Nachhaltigkeitspolitik wird oft im Sinne der sogenannten *Knowledge-Action-Gap* diskutiert (van Kerkhoff und Lebel 2006): Politik müsse entschiedener handeln, sei doch bekannt, dass der Klimawandel ein gerechtes Verhältnis zwischen den Generationen bedrohe; und sei doch längst erwiesen, dass ein nachhaltiges Leben möglich sei. Dem Diktum folgt der Appell: *Less research, more action.*

Dieser Beitrag schlägt im Rahmen der in diesem Sammelband geführten Debatte über Wissen und Nachhaltigkeit einen zweifachen Perspektivwechsel vor. Zum Ersten wird diese Debatte erst interessant, wenn die transformative Funktion von Wissen nicht vorausgesetzt, sondern grundlegend hinterfragt wird: Wenn es nicht an Nachhaltigkeitswissen fehlt, an was dann? Ein hier dargestellter, nachhaltigkeitspolitischer Erfolgsfall soll Aufschluss geben. Berliner Fahrradaktivisten konnten kürzlich eine gesetzliche Neuregelung des Verkehrs erwirken; sie konnten ihr Wissen buchstäblich auf die Straße bringen. Derartige Erfolgsfälle geben Hinweise, inwiefern es tatsächlich bestimmte Wissensformen sind, die einen Politikwechsel hervorbringen.

Gerecht wird man diesen Wissensformen allerdings erst, so der zweite Perspektivwechsel, wenn man politische Aushandlungsräume neu betrachtet. Das Nachhaltigkeitsziel, zerstörerische Wirtschaftsweisen und sozialökologische Lebensumstände zu entkoppeln, macht das Konfliktverhältnis mehrerer Handlungsfelder zur Hauptarena einer jeden Nachhaltigkeitspolitik. Wenn Wissen für Nachhaltigkeit ein transformatives Potenzial birgt, muss Nachhaltigkeitspolitik folglich dezentral verstanden werden; als Prozess der Machtverteilung *in und zwischen* einer Vielfalt von Handlungsfeldern.

In der Zuspitzung beider Perspektivwechsel fragen wir nach der transformativen Rolle von intermediär eingebetteten Wissenspraktiken: Was wissen jene Akteure, die den Aushandlungsprozess zwischen mehreren Feldern organisieren? Wir argumentieren, dass sich besonders zivilgesellschaftliche Gruppen von feldspezifischen Logiken lösen und Aushandlungsräume ausgestalten können. Konzeptuell bezeichnen wir ihr auf Aushandlungsräume fokussiertes, zivilgesellschaftliches Wissen mit dem Begriff der Ko-Kreation. Ko-Kreation kann weder in wissenschaftlicher Forschung noch in politischen Handlungsfeldern eingefasst werden; in deren Verhältnis aber, verstanden als zivilgesellschaftliche Wissensform, kann Ko-Kreation eine transformative Wirkung entfalten.

Der erste Abschnitt diskutiert die zwei genannten Perspektivwechsel. Der zweite Abschnitt illustriert diese am Beispiel der Verkehrspolitik. Abschnitt drei stellt die Fallstudie dar. Im vierten Abschnitt wird die Fallstudie als kokreativer Prozess diskutiert. Das Fazit gibt einen praktischen und wissenschaftlichen Ausblick.

# Nachhaltigkeitspolitische Zwischenräume jenseits der »Knowledge-Action-Gap«

Wie lässt sich die Bedeutung von Wissen für Nachhaltigkeitspolitik beschreiben? Eine Nachhaltigkeitspolitik wirft stets die Frage nach Erhalt und Veränderung auf und kombiniert gleich mehrere Dimensionen und Felder des gesellschaftlichen Handelns. Sie hinterfragt etwa, inwiefern wohlfahrtsstaatliche Maßnahmen und zivilgesellschaftliche Errungenschaften in modernen Gesellschaften von ihren wirtschaftlichen Entstehungsbedingungen entkoppelt werden können; wie also mehrere Handlungs- und Wissensdimensionen interagieren, wobei ökologische und kulturelle dabei noch gar nicht angesprochen sind. Dieser Frage gehen beispielsweise Harald Welzer und Bernd Sommer in ihrem Konzept der reduktiven Moderne nach (2014). Der Nachhaltigkeitsbegriff ist also an der wechselseitigen Integration und Desintegration von wirtschafts-, kultur- oder umweltpolitischen Lebensbedingungen interessiert. Er fordert nicht nur eine gewisse Zeitpolitik ein, um notwendige Lebensbedingungen für die Zukunft zu bewahren. Er hinterfragt auch das Machtverhältnis verschiedener Handlungsfelder. Wenn man beide Aspekte zusammenzieht, zielt die Nachhaltigkeitsdiskussion im Kern auf die transformative und reproduktive Dynamik zwischen mehreren Handlungsfeldern ab.

Diese Überlegung mündet in ein dezentriertes Verständnis der transformativen Rolle von Wissen. Die Wissenschaft etwa, die oft als transformativer Gesellschaftsbereich diskutiert wird (vgl. Michelsen und Adomßent 2014; Schneidewind und Singer-Brodowski 2013), steht folglich im Zusammenhang mit anderen Feldern und Wissensformen. Es sind viele, unterschiedlich dimensionierte Transmissionsriemen zwischen Politik, Wirtschaft oder Bildung, durch die wissenschaftliches Wissen zur Handlungsgrundlage wird. Die Suche nach einer Transformation durch Wissen muss folglich in Rechnung stellen, dass das Verhältnis zwischen heterogenen Feldern und ihren Wissensformen durch Interdependenzen, Paradoxien und Konflikte erst in Bewegung kommen kann.

Wenn nicht in wissenschaftlichen Lösungsvorschlägen allein, an welchen anderen Stellen in diesem komplexen Zusammenhang kann man transformative Wissensformen entdecken? Diese Fragerichtung verfolgt beispielsweise der postmarxistische Soziologe Erik Olin Wright. Er sucht nach jenen »Rissen innerhalb kapitalistischer Wirtschaften«, in denen »emanzipatorische Alternativen aufgebaut werden« (Wright 2017, S. 11). In seinen Antworten, die den Blick auf Zwischenräume bzw. »Risse« lenken, betont er, als ein transformatives Element, die Rolle von zivilgesellschaftlichen Gruppen. Diese Gruppen bringen nicht bloß alltagstaugliches, vermeintlich »robustes Wissen« ein (vgl. Bornmann 2012; Pregernig 2007), sie sind nicht allein Träger von »lokalem Wissen« (Fischer

2000) und gewährleisten mehr als nur den »sozialen Kit« zwischen institutionalisierten Handlungsfeldern. Zivilgesellschaftliche Gruppen erscheinen als eine wesentliche Akteursgruppe, um die Zwischenräume von sozialen Feldern als nachhaltigkeitspolitische Brennpunkte aufgreifen und gestalten zu können.

Die Wissensformen jedoch, die in der zivilgesellschaftlichen Interaktion mehrerer Handlungsfelder zur Geltung kommen, sind schwer zu definieren. Im Kontrast zu wissenschaftlichem Wissen lässt sich zivilgesellschaftliches Wissen noch weniger in politische Legitimationslücken einfügen. Und im Kontrast zu den Gestaltungsansprüchen politischer Institutionen stellen zivilgesellschaftliche Gruppen politische Ansprüche, die noch sichtbarer mit dem Status quo brechen. Vor diesem Hintergrund ist es wenig überraschend, dass die epistemische Dimension von zivilgesellschaftlichen Gruppen in der Nachhaltigkeitsforschung erstaunlich selten untersucht wurde, trotz ihres historischen Einflusses auf Nachhaltigkeitspolitik. Man kann den hier ins Auge gefassten Untersuchungsgegenstand folglich mit David H. Hess als »*Undone Science*« bezeichnen. Zivilgesellschaftliches Wissen ist verortet in sozialen Bewegungen, die wissenschaftlich und politisch geprägt und prägend sind. In Wissenschafts- und Politikfeldern aber genießt jenes Wissen wenig Legitimität (Hess 2016). Hess bezeichnet die epistemische Dimension von sozialen Bewegungen, die zwischen dominanten Handlungsfeldern agieren, mit dem Begriff »*Counterpublic Knowledge*«:

> »*counterpublics are articulations of public benefit developed by those located outside the mainstream of the political and economic fields. Some of their ideas may become embedded in specific policy outcomes, but the incorporation of their proposals usually is accompanied by its transformation. Ideas get picked up, broken down, redesigned, and refitted into the dominant agendas*« (Hess 2010, S. 5).

Zivilgesellschaftliches Wissen fließt demnach nur in verzerrter und umstrittener Weise in Forschung und Politik ein. Der folgende Beitrag versteht sich als ein Versuch, »*Undone Science*« zu betreiben, indem ein solches, randständiges zivilgesellschaftliches Wissen untersucht und seine organisatorische Machart und epistemische Dimension nachvollzogen wird. In dieser Aufgabe ist der Begriff der Ko-Kreation hilfreich. Er lässt sich in drei Dimensionen näher bestimmen:

- In einer sozialen Dimension beschreibt Ko-Kreation eine auf reziproken Austauschbeziehungen beruhende Zusammenarbeit zwischen heterogenen Akteuren.

- In einer materiellen Dimension beschreibt Ko-Kreation, wie das Zusammenwirken verschiedener, teils widersprüchlicher Perspektiven etwas Unerwartetes generiert, welches beteiligte Akteure mitgestalten und im Ergebnis nutzen können.

- In einer zeitlichen oder räumlichen Dimension beschreibt Ko-Kreation jene Prozesse, die zwischen relativ autonomen Organisationen oder Feldern einen wechselseitigen Austausch oder die Schaffung von kollektiven Zielen ermöglichen.

Ko-Kreation ist demnach nicht auf die Problem- und Zielstellungen oder die Akteurskonstellationen bestimmter Handlungsfelder beschränkt. Ko-Kreationsprozesse zeichnen sich vielmehr dadurch aus, dass eine soziale Zusammenarbeit über politische oder wissenschaftliche Felder hinweg auch in materieller und zeitlich-räumlicher Hinsicht grenzüberschreitend ist. Nur selten lassen sich die Ergebnisse und Interaktionsformate auf eine feldspezifische Logik beschränken, sei es auf politische Einflussnahme oder auf wissenschaftlich verwertbares Wissen. Vielmehr werden widersprüchliche Problem- und Zielstellungen sowie Akteurskonstellationen in einem generativen Prozess mobilisiert und auf strategische Weise verbunden und getrennt (vgl. Ko-Kreation auf nationaler und internationaler Politikebene: Herberg 2018). Dieses minimal definierte, empirisch offene und in dem Sinne idealtypische Verständnis von Ko-Kreation ist hilfreich, um diverse Modi der Teilhabe und Zusammenarbeit generisch zu erfassen.

# Verkehrspolitik im Lichte von Wissen und Nachhaltigkeit

Dem präsentierten Verständnis zufolge kann Nachhaltigkeitspolitik immer dann Fuß fassen, wenn divergierende Präferenzsetzungen aufeinandertreffen. Der Straßenverkehr ist ein vortreffliches Beispiel: Die Organisation von Menschen und Ressourcenströmen auf knappem Raum ist geprägt von den Spannungsverhältnissen der involvierten Handlungsfelder, von Stadtplanung, Autoindustrie oder Fahrradbewegungen. Ihre Auseinandersetzung erst prägt die Gelegenheitsfenster, in denen eine nachhaltige Verkehrspolitik auf den Weg gebracht werden kann. Die geschilderte, dezentrierte Perspektive auf Wissen und Nachhaltigkeit lässt sich am Beispiel der Verkehrspolitik illustrieren.

Ausgangspunkt in der Diskussion über nachhaltige Verkehrspolitik ist oft die Klage, dass der etablierte Wissensstand politisch wirkungslos bleibt. Nehme doch die Bevölkerung und Wissenschaft in Deutschland den Klimawandel als Problem durchaus ernst (BMUB 2017). In einem ersten Schritt in Richtung politischer Konsequenzen hat die Verbreitung wissenschaftlicher Erkenntnisse – durch Schullehrpläne, Medien oder politische Kommunikation – bereits eine beachtliche Dringlichkeit hinsichtlich der Maßnahmen zur Bekämpfung des Klimawandels entfaltet. Das Land Berlin etwa folgt dem selbstgesteckten Ziel, die $CO_2$-Emissionen bis 2020 um 40 Prozent gegenüber 1990 zu senken (Land Berlin 2016). Die aktuelle Entwicklung Berlins wird jedoch die selbstgesetzten Emissionsziele bis 2020 um rund die Hälfte verfehlen (Senatsverwaltung für Stadtentwicklung und Umwelt des Landes Berlin 2014a). Politische Maßnahmen zur Eindämmung des Klimawandels sind also verbreitet, teils auch implementiert. Sie haben bislang aber nicht die gewünschten Wirkungen gezeigt. Oberflächlich gesehen ist die Argumentationslinie von der *Knowledge-Action-Gap* treffend. So scheint es unter den politischen Akteuren in Deutschland sogar einen Konsens zu geben, das Fahrradfahren zu fördern; die Assoziation mit emissionsarmem Verkehr befördert zumindest eine affirmative Förderrhetorik. Bei genauer Betrachtung bleibt es aber bei einem Lippenbekenntnis. Die bedeutendste Fahrradvereinigung etwa, der Allgemeine Deutsche Fahrrad-Club (ADFC), hat in ländlichen Regionen zwar eine Fahrradinfrastruktur vorantreiben können, bei der es bislang wenig Opposition oder Interessenkonflikte gab. Auf dem engen Raum der Städte jedoch haben sich gegensätzliche politische Interessen Geltung verschaffen und vergleichbare Infrastrukturmaßnahmen vereiteln können. Obwohl Deutschland eine etablierte Fahrradtradition hat (Ebert 2010), führte der Aufstieg des Automobils bis zuletzt sogar zu einer Abkehr vom Fahrrad. »Die Kommunen haben sich angesichts der Krise an die wirtschaftliche Bedeutung der Autoindustrie erinnert und ihre Politik entsprechend angepasst« (Schwedes 2011, S. 11, eigene Übersetzung). Dies hat zur Folge, dass nicht nur die Politik dem Radverkehr keine Priorität einräumt. Der Radverkehr in Deutschland wird, wie auch »von den meisten europäischen […] Verkehrsplanern und Akademikern weitgehend vernachlässigt und nicht einmal als legitimes Verkehrsmittel angesehen« (Pucher und Buehler 2017, S. 1, eigene Übersetzung).

Das Handlungsfeld Verkehrspolitik lässt sich also auf das Diktum der *Knowledge-Action-Gap* beziehen, es geht aber weit darüber hinaus. Die Gewissheit, dass Radfahren anders als Autofahren zur Erreichung der Klimaziele beitragen kann, hat zu einer Auseinandersetzung mit der Rolle des Automobils in der deutschen Wirtschaft geführt. Dass der städtische Radverkehr wider besseren Wissens wenig gefördert wurde, ist aber nicht auf ein Informationsdefizit zurückzuführen. Politik zugunsten von Radfahrern wird dem Anschein nach unterstützt bis im Verhältnis mit anderen Handlungsfeldern – seien es Autoindustrie oder Stadtplanung – Konflikte mit gegenläufigen Interessen entstehen. Grund für das Scheitern ist also die mangelnde Priorisierung. Nachhaltigkeitsziele geraten unter die Räder, wenn sich wirtschaftspolitische oder anderweitig dominante Prioritäten in umkämpften Zwischenräumen durchsetzen.

## Zwischenräume in der Berliner Verkehrspolitik

Zwischenräume, wie sie in Abschnitt eins beschrieben wurden, prägen ganz konkret auch die Berliner Verkehrspolitik. Anwenden lässt sich die Begrifflichkeit beispielsweise auf die politische Teilhabe von betroffenen Bevölkerungsgruppen. Diese lässt sich als eine Aushandlung verstehen, die nicht in institutionalisierten politischen Formaten allein stattfindet, sondern mehrere Handlungslogiken verbindet. Das bedeutet aber nicht, dass dieses Aufeinandertreffen egalitären Grundsätzen folgt. Üblich ist vielmehr, dass regierungspolitische Entscheidungsträger als Gastgeber fungieren; sie laden ein und bestimmen die Interaktionsregeln. In der Partizipationsforschung wird diese Praxis, in der Entscheidungsprozesse zwar geöffnet, aber etablierte Handlungslogiken beibehalten werden, mit den Begriff der »*Invited Spaces*« beschrieben (Miraftab 2004). »*Invited Spaces*« stellen einen auf asymmetrischen Machtverhältnissen beruhenden Zwischenraum dar.

Die Vorgeschichte des Mobilitätsgesetzes von 2018 illustriert einen solchen »*Invited Space*«. Sie beginnt mit einem sogenannten Fahrradsicherheitsdialog. Im Jahr 2013 initiierte die damalige Berliner Regierung einen Radsicherheitsdialog mit dem Ziel, die gefährlichsten Orte für den Radverkehr mithilfe der Bürger zu identifizieren, um die Zahl der Verletzten zu reduzieren (Senatsverwaltung für Stadtentwicklung und Umwelt des Landes Berlin 2014b). Von den 5.000 als gefährlich eingeschätzten Kreuzungen wurde später lediglich eine, nämlich das Kottbusser Tor, umgestaltet. Mit dieser Ausnahme hat die Regierung also eine vielversprechende Fahrradstrategie entwickelt, diese aber nicht umgesetzt. Der Zwischenraum »Radsicherheitsdialog« sah nicht vor, dass auf das geschaffene Wissen auch politische Entscheidungen folgen. Enttäuscht von den Ergebnissen entschied sich im November 2015 eine zivilgesellschaftliche Gruppe mit dem Titel *Volksentscheid Fahrrad*[1] (VEF) dafür, die Radver-

---

1  Einer der Autoren, Dirk von Schneidemesser, war selbst an der Gruppe VEF beteiligt. Seine aus Teilnehmerperspektive erstellten Notizen liefern die empirische Grundlage für die

kehrsförderung per Gesetz zu verfolgen. Sie suchten nach einem Zugang, ihr Wissen in den Gesetzgebungsprozess einzubringen, anstatt diesen lediglich kommentieren zu können. Sie beschritten im Dezember 2015 den offiziellen Weg zu einem Referendum.[2]

Der Prozess, der in der Folge zu einem gesetzlichen und teilweise sogar zu einem kulturellen Politikwechsel führte, soll nun beschrieben werden. Im Sinne eines »*Process Tracing*« (Collier 2011; Mahoney 2012) wird Schritt für Schritt rekonstruiert, wie VEF zum legitimen Verhandlungspartner der Berliner Landesregierung wurde (siehe Zeitstrahl).

| November 2015 – Erste Treffen von Aktivisten zum VEF | Ab Januar 2016 – Öffentliche Plenarsitzungen | Februar bis April 2016 – Öffentliche Lesungen und Fertigstellung des Gesetzesentwurfs | Februar bis April 2017 – Verhandlungen mit Mitte-Links Regierung |
|---|---|---|---|

| Dezember 2015 – VEF tritt als Initiative an die Öffentlichkeit | 16. & 17. Januar 2016 – Gesetzes-hackathon | 18. Mai bis 10. Juni 2016 – 100.000+ Unterschriften für VEF gesammelt | 28. Juni 2018 – Verabschiedung des Gesetzes zur Neuregelung gesetzlicher Vorschriften zur Mobilitätsgewähr-leistung (MobiG) |
|---|---|---|---|

Analyse. Im Rückblick wird der epistemische Aspekt der zivilgesellschaftlichen Rollenkonstellation, in die der Autor eingebettet ist, untersucht. Seine Rolle kann, wie auch die Rolle der zivilgesellschaftlichen Akteure, als »ko-kreativ« bezeichnet werden.

2  Die Aktivisten entwickelten zehn Ziele, die als Grundlage dienten für ein Fahrradgesetz auf Landesebene (Volksentscheid Fahrrad 2016a):

1) 350 Kilometer sichere Fahrradstraßen auch für Kinder

2) Zwei Meter breite Radverkehrsanlagen an jeder Hauptstraße

3) 75 gefährliche Kreuzungen pro Jahr sicher machen

4) Transparente, schnelle und effektive Mängelbeseitigung

5) 200.000 mal Fahrradparken an ÖPNV-Haltestellen und Straßen

6) 50 Grüne Wellen fürs Fahrrad

7) 100 Kilometer Radschnellwege für den Pendelverkehr

8) Fahrradstaffeln und eine Sondereinheit Fahrraddiebstahl

9) Mehr Planer-Stellen und zentrale Fahrradabteilungen

10) Berlin für mehr Radverkehr sensibilisieren

# Das Berliner Mobilitätsgesetz und die Gruppe Volksentscheid Fahrrad

Ko-Kreation beschreibt in einer materiellen Dimension die oft unerwartete, kollektive Schaffung eines gemeinsamen Ergebnisses. Das Berliner Mobilitätsgesetz ist ein solches unerwartetes Ergebnis. Seine konfliktreiche Genese kann vom Ende her erzählt werden. So hatte sich im Jahr 2016 die Gruppe *Volksentscheid Fahrrad* (VEF) mit einem Gesetzesentwurf an die Stadt Berlin gewandt. § 7.1 darin lautete:

> *»Auf oder an allen Hauptstraßen sollen Radverkehrsanlagen mit leicht befahrbarem Belag, in sicherem Abstand zu parkenden Kraftfahrzeugen und in ausreichender Breite eingerichtet werden. Diese sollen so gestaltet werden, dass sich Radfahrende gegenseitig sicher überholen können.«* (Volksentscheid Fahrrad 2016b)

Dieser und andere Paragraphen sind wortwörtlich oder in einer ähnlichen Formulierung übernommen worden, wie ein Vergleich mit § 43.1 des nun in Kraft getretenen Gesetzes deutlich macht:

> *»Auf oder an allen Hauptverkehrsstraßen sollen Radverkehrsanlagen mit erschütterungsarmem, gut befahrbarem Belag in sicherem Abstand zu parkenden Kraftfahrzeugen und ausreichender Breite eingerichtet werden. Diese sollen so gestaltet werden, dass sich Radfahrende sicher überholen können.«* (Land Berlin 2018)

Das sogenannte Berliner Mobilitätsgesetz, offiziell das »Gesetz zur Neuregelung gesetzlicher Vorschriften zur Mobilitätsgewährleistung«, trat am 6. Juni 2018 in Kraft (Land Berlin 2018), räumt dem Radverkehr mehr Verkehrsflächen ein und soll dafür sorgen, dass das Fahrradfahren sicherer und attraktiver wird.

Mehrere, für den Fahrradverkehr entscheidende Passagen gehen auf zivilgesellschaftliche Initiativen zurück. Ein wesentlicher Einfluss auf den Gesetzgebungsprozess zeigt sich beispielhaft am Umgang mit »subjektiver Sicherheit«. Das Sicherheitsgefühl der Radfahrer prägt entgegen voriger Regelungen den § 11 des Mobilitätsgesetzes: »Bei Planung und Ausgestaltung von Verkehrsangeboten und Verkehrsinfrastruktur ist das Sicherheitsempfinden der Menschen zu beachten«. In § 36.5 heißt es außerdem, dass »durch geeignete infrastrukturelle, verkehrsorganisatorische sowie kommunikative Maßnahmen [...] eine objektive und möglichst hohe subjektive Sicherheit für die Radfahrenden zu erreichen« sei (Land Berlin 2018).

Interessanter als »das Was« ist in diesem Beitrag aber »das Wie«, also auch die soziale und räumlich-zeitliche Dimension von Ko-Kreation. Nachdem in materieller Hinsicht die erste zitierte Passage vorgeschlagen wurde und lange bevor die zweite Passage im Amtsblatt stand, leitete die Initiative VEF ein Verfahren zum Volksgesetzgebungsprozess ein. Dabei verfolgte VEF die Hoffnung, ein sogenanntes Abstimmungsgesetz durchsetzen zu können. Dies erfordert laut Berliner Verfassung drei Schritte.[3] Die Gruppe ging den ersten Schritt und stellte einen Antrag auf ein Volksbegehren. Die Einleitung dieses Volksbegehrens und der schlussendliche Volksentscheid aber, Schritte zwei und drei, kamen nicht zustande. Stattdessen wurden Aushandlungsräume in Anspruch genommen und ausgestaltet, durch die der Gesetzgebungsprozess beeinflusst werden konnte. Neben den materiellen Ergebnissen kann man also von einem politisch-kulturellen Beitrag zur Berliner Verkehrsregelung sprechen. In den drei eingeführten Dimensionen rekonstruieren wir nun einen Ko-Kreationsprozess. Dabei orientieren wir uns an Begriffen, die sich in der sozialen Bewegungsforschung als

---

3 Man muss zuerst den Antrag eines Volksbegehrens stellen, wofür 20.000 Unterschriften von Wahlberechtigten Berlinerinnen und Berlinern binnen sechs Monaten gesammelt werden müssen. Dann muss man das Volksbegehren einleiten, wofür 7 %, also ca. 170.000 der wahlberechtigten Bürgerinnen und Bürger unterschreiben müssen. Und drittens muss man den Volksentscheid erreichen, wobei 50 % der Wählerinnen und Wähler bei einem Quorum von 25 % für das Gesetz stimmen müssen.

nützlich erwiesen haben, um zivilgesellschaftliches Engagement in seiner strukturellen und strategischen Einbettung zu verstehen (McAdam et al. 1996; Hess 2016): Zunächst rekonstruieren wir die Gelegenheitsstruktur, dann das *Framing* und zuletzt die Organisationsformen, die sich VEF zu Nutze gemacht hat.

## Inanspruchnahme von Aushandlungsräumen

Die oben umrissene politische Situation bietet zivilgesellschaftlichen Gruppen insofern eine Gelegenheitsstruktur, als dass sie das Kalkül eines etablierten Machthabers unterminiert. Gruppen erhalten Zugriff auf einen Entscheidungsprozess, der ihnen ansonsten verwehrt bleibt (vgl. McAdam 1999, S. 44). Eine solche Gelegenheitsstruktur gilt es allerdings noch zu interpretieren und zu nutzen (Tarrow 1993). Der VEF verfolgte zwei Formen der politischen Einflussnahme. Zum einen strebte die Gruppe auf offiziellem Wege die Erlassung des Gesetzesentwurfs durch die Volksgesetzgebung an. Zum anderen nutzt sie diese, um in der Öffentlichkeit eine gesellschaftliche Vision zu diskutieren: Berlin als Fahrradstadt (Raetzsch und Brynskov 2017). Diese Kombination aus formaler Politik und *Agenda-Setting* betrieb der VEF unmittelbar vor den anstehenden Wahlkampagnen für die Berliner Abgeordetenhauswahlen 2016.

Den Volksgesetzgebungsprozess, also die erste Strategie, konnte der VEF innerhalb von dreieinhalb Wochen erfolgreich einleiten. Mehr als 100.000 Unterschriften wurden gesammelt, nötig wären 20.000 in sechs Monaten, um ein Volksbegehren zu veranlassen. Dieser Erfolg eröffnete die Gelegenheit, weiteren Einfluss auszuüben und machte Raum für die zweite Strategie, nämlich eine politische Kampagne. Denn die gesetzlichen Regelungen zur Volksgesetzgebung sehen nach jedem erfolgreichen Schritt vor, dass Verhandlungen mit der Regierung geführt werden können. So konnte nicht allein eine Mitgestaltung des Gesetzes in materieller Hinsicht erzwungen werden, sondern eine soziale und zeitlich-räumliche Ausweitung der Gesetzesformulierung auf zivilgesellschaftliche Beiträge.

Hilfreich war dabei eine politische Gelegenheit. So hatte der von der Initiative lautstark verkündete Erfolg in der Unterschriftensammlung eine durchaus prägende Wirkung auf die Berliner Abgeordnetenhauswahl im September 2016. Die Mitte-Links-Koalition, die nach den Berliner Abgeordnetenhauswahlen gebildet wurde, versprach, die Ziele des VEF in einem neuen Radverkehrsgesetz zu übernehmen. Um die gesetzlich garantierte und politisch bestätigte Aussicht auf Mitsprache bis zur Verabschiedung des Gesetzes aufrechtzuerhalten, ließ man den Volksgesetzgebungsprozess lediglich ruhen. Und um das Gelegenheitsfenster umgehend zu nutzen, fokussierte sich der VEF fortan auf den zweiten Teil der Strategie: Eine Öffentlichkeitskampagne und konkrete Dialogformate sollten die Berliner und Berlinerinnen zur Mitgestaltung des Verkehrsgesetzes mobilisieren (Afanasjew 2017).

Der gesetzlich eingeforderte Raumgewinn, der zur politischen Teilhabe genutzt wurde, wurde bemerkenswerterweise nicht ausgehandelt, sondern erkämpft. Das betrifft nicht allein das gesetzlich und politisch errungene Gelegenheitsfenster, sondern auch einen Deutungskampf. Denn ausschlaggebend war – wie auch die soziale Bewegungsforschung in anderen Fällen dargelegt hat – das sogenannte *Framing*, also die Bedeutung, die der Gelegenheitsstruktur gegeben wurde (Snow 2013). Die Regierung als ein Antagonist im Deutungskampf stellte die Interaktion mit VEF zunächst als »Dialog« dar. Der VEF als Gegenspieler hingegen verstand den Prozess als »Verhandlung« auf Augenhöhe (Loy 2017). Anders als in einem »Dialog« sollte nicht allein ein Austausch ermöglicht, sondern auch ein materielles Ergebnis erzielt werden, das eine zivilgesellschaftliche Prägung hat: Der von der Stadtregierung vorgeschlagene »Dialog« ermöglichte weder den erwünschten Verhandlungsraum noch eine ambitionierte Gesetzesänderung. Er erinnerte an einen früheren »Fahrradsicherheitsdialog«, der den Schutz der Radfahrer, keineswegs aber eine Umverteilung der Verkehrsflächen zum Ziel hatte.

Der VEF kann insofern als Antwort auf die Vermeidung eines gesellschaftlichen Konflikts auf einer materiellen und auf einer sozialen Ebenen gesehen werden: Eingefordert wird einerseits eine offene Debatte über die Priorisierung von Radverkehr gegenüber Autoverkehr. Andererseits sollte ein Aushandlungs-raum zwischen verkehrspolitischen Entscheidungsträgern und den von den Entscheidungen betroffenen Bürgern geschaffen werden. Wie ging der VEF vor, um diese beiden Konflikte explizit zu machen? In der sozialen Bewegungs-forschung werden auch die sozialen Organisationsformen betont, auf Basis derer zivilgesellschaftliches Wissen in einen politischen Prozess eingebracht werden kann (Hess 2016, S. 107 ff.). Der folgende Abschnitt beschreibt dement-sprechend die vom VEF genutzten Interaktionsformate.

## Ausgestaltung von Aushandlungsräumen

Während man sich noch im Deutungskampf um die Aushandlungsräume befand und die Stadt auf dem Begriff eines »Dialogs« beharrte, hatte der VEF bereits jene Allianz organisiert, die sich in die intendierten Aushandlungs-räume einbringen sollte. Sogenannte offene Plenarsitzungen wurden auf den Kanälen des VEF[4] beworben und organisiert, um andere Bürgerinitiativen und Radaktivisten zu mobilisieren und um im politischen Prozess eine Legitimität als Repräsentant eines weit verbreiteten Anliegens zu erwerben. Verschiedene Aspekte des Arbeitsprozesses sollten durch spezialisierte Teams von Aktivisten bewältigt werden, um von Beginn an materielle Ergebnisse zu erzielen.[5] Die zehn Ziele sollten in einem Gesetzentwurf gebündelt werden. Zu dem Zweck fand daraufhin ein sogenannter *Hackathon* statt (Volksentscheid Fahrrad 2016c).[6] Auch hier wurde eine lose Organisationsstruktur gewählt, indem die

---

4  Die Kanäle erfassen: Email-Newsletter, Website, Online-Arbeitsplatz, über Social Media und wenn möglich in traditionellen Medien.

5  Einige Teams waren zum Beispiel das Grafik-Team, das Fakten- und Forschungsteam, das Soziale-Medien-Team, das Presse-Team, das Event-Organisationsteam usw. Siehe dazu auch https://volksentscheid-fahrrad.de/de/mitmachen/.

6  Der Hackathon ist ein Konzept, das von Programmierern und dem IT-Bereich übernom-men wurde, wo es als kollaborative Methode zur gemeinsamen Entwicklung von Software und Hardware verwendet wird. Hackathons beginnen oft mit Eingaben zum Thema des

Ziele des VEF für zwei Tage Anwälten, Verkehrsexperten und anderen interessierten Bürgern präsentiert wurden. Über die 30 anwesenden Teilnehmer hinaus konnten sich Nicht-Ortsansässige über Telefon- und Facebook-Joker einbringen, sodass in kurzer Zeit eine Gesetzesvorlage erstellt werden konnte.[7] Ab Februar 2016 wurden daraufhin öffentliche Lesungen organisiert, um das inzwischen auf der VEF-Website dargestellte Gesetz in der lokalen Öffentlichkeit und auch im Kreise von Rechts- und Verkehrsexperten und mit erfahrenen Verwaltungsmitarbeitern zu diskutieren. Die Beiträge dieser Gruppen wurden von einem kleineren Team von Rechtsexperten ausgewertet und in eine Gesamtdarstellung des Gesetzentwurfs integriert.

Mit den Interaktionsformaten trieb der VEF also eine sukzessive Ausweitung in sozialer und räumlicher Hinsicht voran, bis hin zu einer öffentlichen Sammlung von Formulierungsvorschlägen. Diese Ausweitung wurde allerdings nicht zentral koordiniert, sondern brachte viele Ausläufer und Nebenschauplätze hervor. Koordiniert wurden aber durchaus die Ergebnisse in materieller Hinsicht, um von Ideen zu Zielen zu Gesetzentwürfen zu gelangen. Die generierten Nebenschauplätze wurden in sogenannten Ad-hoc-Gruppen vorangetrieben, die in loser Verbindung auf das Ziel einer neuen Verkehrsgesetzgebung hinwirkten. Eine Gruppe von mehr als 60 Wissenschaftlern und Forschern beispielsweise forderte den Bürgermeister in einem offenen Brief auf, »vor Ort Farbe zu bekennen und Taten folgen zu lassen, statt auf globalen Konferenzen nur weitere vage Absichtserklärungen zu formulieren« (Volksentscheid Fahrrad 2016e). Eine weitere Unterstützung kam von Befürwortern in der Fahrradindustrie, die sich in ihrem Plädoyer für ein fahrradfreundliches Gesetz von der skandalbelasteten Automobilindustrie abgrenzte (Volksentscheid Fahrrad 2016d).

---

Hackathons. Die Teams werden dann auf Basis von Interesse und Wissen sowie Vorschlägen der Teilnehmer gebildet. Die Teams arbeiten für eine bestimmte Zeit und am Ende des Hackathons werden die Ergebnisse der Arbeit präsentiert.

7   20 Experten wurden digital hinzugeschaltet; mehr als 100 Beiträge kamen per Telefon oder Internet.

Auffällig in den sozialen Organisationsformen von VEF ist also eine uneinheitliche Assemblage von mehreren zivilgesellschaftlichen Gruppen und Kommunikationsformaten. Wie lassen sich diese Ausweitung des Gesetzgebungsprozesses sowie die epistemische Dimension der zivilgesellschaftlichen Beiträge beschreiben?

## Diskussion: eine ko-kreative Verkehrspolitik?

Als Strategie ist die Ausweitung der Gesetzgebung leicht zu fassen: Die Initiative VEF nutzte den Rechtsanspruch, der nach jedem Schritt in eine Volksgesetzgebung eine Verhandlung mit dem Berliner Senat vorsieht. Diese gesetzliche Möglichkeit wurde als Aushandlungsraum ausgedeutet und mit interaktiven Formaten bespielt. Birgt dies eine Erkenntnis über Wissen und Nachhaltigkeit? Besteht ein dezidiertes Nachhaltigkeitswissen möglicherweise darin, implizite Konflikte zwischen Handlungsfeldern in explizite Aushandlungen zu überführen?

Die generative Ausweitung von Aushandlungsräumen lässt sich anhand von drei Dimensionen als Ko-Kreation bezeichnen und diskutieren (siehe Abschnitt 1): In einer sozialen Dimension ist die geteilte, aber dezentral organisierte Verantwortung auffällig. So umfasst die Inklusion von Interessengruppen in Forschung oder Politik im Allgemeinen ein breites Kontinuum von Arrangements und Arbeitsformen (Goodman und Sanders Thomson 2017; Bucci und Neresini 2008); Jason Chilvers spricht sogar von »Ökologien der Partizipation« (2012). Auch die beschriebene Initiative kommt so vielfältig zum Einsatz, dass die soziale Strukturierung der erkämpften Aushandlungsräume besser im Sinne einer diversifizierten Landschaft beschrieben werden kann. Während das Erfahrungswissen der zivilgesellschaftlichen Akteure geteilt werden konnte, entwickelten sich diese zunehmend in Richtung einer Parallelführung mehrerer hierarchischer Teilgruppen. Diese Teilgruppen konnten sich Zugang zu feldspezifischen Legitimationsformen, Relevanzsetzungen und Kommunikationskanälen verschaffen, um aus mehreren Richtungen auf eine neue Gesetzgebung hinzuwirken. Die Gruppe VEF agiert in dem Sinne als »*Bridge Broker*« (Mayer 2009), um mehrere aktivistische Gruppen und den Berliner Senat in Kontakt zu bringen. Zu den in der Fallstudie verdeutlichten Merkmalen von Ko-Kreation gehört allerdings auch die Unvorhersehbarkeit sozialer Interaktion. Sind doch die untersuchten Aushandlungsräume in der relativ ausdifferenzierten Stadtpolitik der Berliner Bezirke eingebunden und Teil der politischen und ökonomischen Spannungsfelder, die charakteristisch sind für verkehrspolitische Auseinandersetzungen. Daher wurde hier von nachhaltigkeitspolitischen Zwischenräumen gesprochen. Das bedeutet für die Praxis, dass Ko-Kreation eine hohe Schwelle für das Tolerieren von Konflikten, Misserfolgen und Pluralität erfordert.

In einer materiellen Dimension lässt sich der VEF in erster Linie als Kampagneninitiative bezeichnen; schließlich kam es nie zu dem Referendum. Der Gegenstand der Zusammenarbeit verschob sich darüber hinaus sukzessive und der VEF nutzte die Idee eines Referendums als Anker für eine medienorientierte Kampagne. Interessant in der öffentlichen Darstellung durch die verschiedenen, an dem Prozess beteiligten Mitglieder ist, dass sowohl politische als auch zivilgesellschaftliche Akteure den Verhandlungserfolg für sich verbuchen (N-TV 28.07.2018). Sie konnten ihn für ihre jeweils feldspezifischen Ziele nutzen. Die materiellen Ergebnisse des ko-kreativen Prozesses lassen sich daher nicht im Sinne einer feldspezifischen Logik festhalten und das Ziel oder die Problemstellung ist keineswegs fixiert. Mit der sozialen Ausweitung der Auseinandersetzung erweitert sich vielmehr auch in materieller Hinsicht das Spektrum an kokreierten Gegenständen.

In einer zeitlich-räumlichen Dimension ist der Kampf um die Ausweitung und Ausdeutung der Verhandlungsräume zwischen VEF und der Stadtregierung bemerkenswert. Die gesetzlich garantierte, zivilgesellschaftlich interpretierte Grenzüberschreitung zeigt an, dass eine feldübergreifende

Auseinandersetzung mit der Auseinandersetzung um die Interaktionsregeln beginnt (vgl. Bourdieu 1985): Von Seiten der Politik wird im Zwischenraum ein »*Invited Space*« eröffnet (Gaventa 2006), der die vorherrschende Rolle der Regierungen garantiert und den »Dialog« auf eine ungleiche Verhandlungsebene stellt. Wenn der Zwischenraum dagegen zivilgesellschaftlich erkämpft wird, dann schreibt dies den Bürgern und zivilgesellschaftlichen Gruppen mehr Autorität zu. Derartige in der Literatur als »*Claimed Spaces*« (Mapuva 2015) bezeichnete Aushandlungsräume eröffnen durch die zivilgesellschaftliche Inanspruchnahme Beteiligungsmöglichkeiten, die von politischen Institutionen zwar angeboten werden, die tendenziell jedoch eine direkte Konfrontation mit dem Status quo verhindern. In dem präsentierten Fallbeispiel nimmt die Gruppe VEF vorgesehene Möglichkeiten der Partizipation wahr und verknüpft diese mit dem politischen Durchsetzungsvermögen und der Legitimität des Volkssouveräns. Wissenschaftlichen Akteuren und Politikberatern hingegen bleibt diese schlagkräftige Verbindung, in der kokreiertes Wissen geschaffen und zugleich mit politischem Handlungsdruck hinterlegt werden kann, meist verwehrt (Hustedt 2013; Schwedes 2011).

## Fazit: Ko-Kreation als »Undone Science«

Die vermeintliche Kluft zwischen Nachhaltigkeitswissen und Nachhaltigkeitspolitik ist umstritten. Oft ist sie Anlass für eine verzweifelte Suche nach einer wissenschaftlich fundierten und politisch anschlussfähigen Politikberatung. Die Lösungsformulierungen aber und oft auch die Problemstellungen, die innerhalb des wissenschaftlichen Felds generiert werden (vgl. van Kerkhoff und Lebel 2006), bleiben häufig zu sehr durch das eigene Handlungsfeld bedingt, als dass sie einen politischen Druck direkt auslösen könnten.

Der Beitrag weist auf einen zivilgesellschaftlichen Wissenstypus hin, der einen solchen Druck durchaus erzeugen kann. Der Begriff Ko-Kreation, der diesen Wissenstypus erfassen sollte, hat selbst eine zivilgesellschaftliche, teils privatwirtschaftliche Herkunft (Ind und Coates 2013); unter anderem ist er assoziiert mit dem normativen Ruf nach mehr grenzüberschreitender Zusammenarbeit. In unserer wissenschaftlichen Aneignung beschreibt er das zivilgesellschaftliche Vermögen, politische Aushandlungsräume zu beanspruchen und auszugestalten. Indem also auf Basis eines kursorischen und inter- und transdisziplinären Suchbegriffs eine Wissensform beschrieben wird, die in der Nachhaltigkeitsforschung oft implizit bleibt, verfolgt der Beitrag den Ansatz einer »Undone Science« (Hess 2016). Als idealtypische Eingrenzung des Suchbegriffs wurden drei Dimensionen vorgeschlagen. In sozialer, materieller und zeitlich-räumlicher Hinsicht wurde herausgearbeitet, wie die Initiative Volksentscheid Fahrrad, politische Aushandlungsräume zur Wissensgenese und zur politischen Druckausübung nutzen konnte. Ausschlaggebend war in allen drei Dimensionen die Ausweitung des Aushandlungsraums, der ursprünglich von der Stadtregierung angeboten wurde. Das dabei praktizierte Wissen geht über wissenschaftliche »Counterpublics« hinaus (Hess 2010; Hess 2016). Es beschreibt nicht allein ein bislang unterschätztes verkehrstechnisches Sachwissen oder das Erfahrungswissen der Berliner Radfahrer. Entscheidend für den politischen Erfolg war vielmehr ein gewisses Prozesswissen. Indem VEF als »Bridge Broker« fungierte (Mayer 2009), erschloss diese Gruppe anderen, in unterschiedlichen Feldern agierenden Gruppen einen gemeinsam genutzten, dezentral organisierten Aushandlungsraum. Dieser konnte durch eine lose Orchestrierung für heterogene Beiträge offen gehalten werden, sodass der Entscheidungsprozess des Berliner Senats fortwährend durch ein vielstimmiges, bürgerschaftliches Engagement irritiert werden konnte. So spielte der VEF zugleich die Rolle als Politikberater und als Garant für den Einfluss und die Druckausübung durch andere Gruppen. Der Gesetzestext des Berliner Mobilitätsgesetzes gibt diese zivilgesellschaftliche Prägung nachweislich wieder.

Der hier geschilderte Politikprozess hat inzwischen Folgeinitiativen nach sich gezogen. Zum einen sind in Berlin auf der kommunalen Ebene neun zivilgesellschaftliche Netzwerke gegründet worden, um die Umsetzung der im Mobilitätsgesetz vorgeschriebenen Infrastrukturmaßnahmen kritisch zu begleiten. Außerhalb von Berlin werden zum anderen nach dem Vorbild von VEF in zehn weiteren Städten sogenannte Radentscheide angestoßen.

# Literatur

Afanasjew, N. (2017): Bei Gegenwind erst recht. Die Initiative »Volksentscheid Fahrrad« treibt die Berliner Politik vor sich her. Wie machen die das? In: fluter.

BMUB (2017): Umweltbewusstsein in Deutschland 2016. Ergebnisse einer repräsentativen Bevölkerungsumfrage. Bundesministerium für Umwelt, Naturschutz, Bau und Reaktorsicherheit (BMUB). www.umweltbundesamt.de/sites/default/files/medien/376/publikationen/umweltbewusstsein_deutschland_2016_bf.pdf (24.8.2018).

Bornmann, L. (2012): What is societal impact of research and how can it be assessed? A literature survey. Journal of the American Society for Information Science and Technology 64(2), S. 217–233.

Bourdieu, P. (1985): Praktische Vernunft zur Theorie des Handelns. Frankfurt am Main: Suhrkamp.

Bucci, M. und Neresini, F. (2008): Science and Public Participation. In: Hackett, E. J. (Hrsg.): The Handbook of Science and Technology Studies. Cambridge, Mass.: MIT Press, S. 449–472.

Chilvers, J. (2012): Expertise technologies and ecologies of participation. Norwich. 3S Working Paper.

Collier, D. (2011): Understanding Process Tracing. Political Science and Politics 4(4), S. 823–830.

Ebert, A.-K. (2010): Radelnde Nationen. Die Geschichte des Fahrrads in Deutschland und den Niederlanden bis 1940. Frankfurt: Campus Verlag. Campus Historische Studien Band 52.

Gaventa, J. (2006): Finding the Spaces for Change. A Power Analysis. IDS Bulletin 37(6), S. 23–33.

Goodman, M. S. und Sanders Thomson, V. L. (2017): The science of stakeholder engagement in research. Classification, implementation, and evaluation. Translational Behavioral Medicine 3(3), S. 486–491.

Herberg, J. (2018): Public Administrators in the Europeanization of Risk Governance. Co-Creation Amidst the Political Heterarchy. Culture, Practice & Europeanization 2(2), S. 42–58.

Hess, D. J. (2010): Social Movements, Publics, and Scientists. Tokyo. – Joint meeting of the Japanese Society for Science and Technology Studies and Society for Social Studies of Science.

Hess, D. J. (2016): Undone science. Social movements, mobilized publics, and industrial transitions/David J. Hess. Cambridge, MA: MIT Press.

Hustedt, T. (2013): Analyzing Policy Advice. The Case of Climate Policy in Germany. Central European Journal of Public Policy 7(1), S. 88–110.

Ind, N. und Coates, N. (2013): The meanings of co-creation. European Business Review 25(1), S. 86–95.

Land Berlin (2016): Berliner Energiewendegesetz. EWG Bln. Gesetz- und Verordnungsblatt für Berlin 122 (754-1).

Land Berlin (2018): Gesetz zur Neuregelung gesetzlicher Vorschriften zur Mobilitätsgewährleistung. Berliner Mobilitätsgesetz. Gesetz- und Verordnungsblatt für Berlin 74(18), S. 464–478.

Loy, T. (2017): Mobilitätsgesetz. Senat lässt sich beraten. Der Tagesspiegel.

Mahoney, J. (2012): The Logic of Process Tracing Tests and the Social Sciences. Sociological Methods & Research 41(4), S. 570–597.

Mapuva, J. (2015): Citizen Participation, Mobilisation and Contested Participatory Spaces. International Journal of Political Science and Development 3(10), S. 405–415.

Mayer, B. (2009): Cross-Movement Coalition Formation. Bridging the Labor-Environment Divide*. Sociological Inquiry 79(2), S. 219–239.

McAdam, D. (1999): Political process and the development of Black insurgency, 1930–1970. Chicago, London: University of Chicago Press.

McAdam, D., McCarthy, J. D. und Zald, M. N. (Hrsg.) (1996): Comparative perspectives on social movements. Political opportunities, mobilizing structures, and cultural framings/edited by Doug McAdam, John D. McCarthy, Mayer N. Zald. Cambridge: Cambridge University Press. – Cambridge studies in comparative politics.

Michelsen, G. und Adomßent, M. (2014): Nachhaltige Entwicklung. Hintergründe und Zusammenhänge: Nachhaltigkeitswissenschaften. Berlin, Heidelberg: Springer, S. 3–59.

Miraftab, F. (2004): Invited and Invented Spaces of Participation. Neoliberal Citizenship and Feminists' Expanded Notion of Politics. Wagadu 1(1), S. 1–7.

N-TV (2018): Mehr Lebensqualität in der Stadt. Berlin will Fahrrädern die Vorfahrt geben. In: N-TV.

Pregernig, M. (2007): Wirkungsmessung transdisziplinärer Forschung. Es fehlt der Blick aus der Distanz. GAIA 16(1), S. 46–51.

Pucher, J. und Buehler, R. (2017): Cycling towards a more sustainable transport future. Transport Reviews, S. 1–6.

Raetzsch, C. und Brynskov, M. (2017): Desafiando as Fronteiras Do Jornalismo Por Meio de Objetos Comunicativos. Berlim Como Uma Cidade Bike-Friendly E #radentscheid. Parágrafo: Revista Científica de Comunicação Social da FIAM-FAAM 5(2), S. 110–127.

Schneidewind, U. und Singer-Brodowski, M. (2013): Transformative Wissenschaft. Klimawandel im deutschen Wissenschafts- und Hochschulsystem. Marburg: Metropolis.

Schwedes, O. (2011): The Field of Transport Policy. An Initial Approach. German Policy Studies 7(2), S. 7–41.

Senatsverwaltung für Stadtentwicklung und Umwelt des Landes Berlin (2014a): Machbarkeitsstudie Klimaneutrales Berlin 2050. Potsdam & Berlin.

Senatsverwaltung für Stadtentwicklung und Umwelt des Landes Berlin (2014b): Radfahren in Berlin – Abbiegen? Achtung! Sicher über die Kreuzung. Auswertungsbericht zur Öffentlichkeitsbeteiligung. Berlin.

Snow, D. (2013): Framing and Social Movements. In: Snow, D., Della Porta, B. und Klandermans, D. M. (Hrsg.): Encyclopedia of Social and Political Movements. Oxford: Wiley/Blackwell.

Tarrow, S. (1993): Modular Collective Action and the Rise of the Social Movement. Why the French Revolution was Not Enough. Politics & Society 21(1), S. 69–90.

van Kerkhoff, L. und Lebel, L. (2006): Linking knowledge and action for sustainable development. Annual Review of Environment and Resources 31(1), S. 445–477.

Volksentscheid Fahrrad (2016a): 10 Ziele – weil Berlin sich dreht! Volksentscheid Fahrrad. volksentscheid-fahrrad.de/de/ziele/ (11.9.2018).

Volksentscheid Fahrrad (2016b): Gesetz zur Förderung des Radverkehrs in Berlin. Volksentscheid Fahrrad. volksentscheid-fahrrad.de/gesetz/.

Volksentscheid Fahrrad (2016c): Initiative »Volksentscheid Fahrrad« schreibt Entwurf für Berliner Fahrradgesetz. Volksentscheid Fahrrad. volksentscheid-fahrrad.de/de/2016/01/18/initiative-volksentscheid-fahrrad-schreibt-entwurf-fuer-berliner-fahrradgesetz-319/ (1.10.2018).

Volksentscheid Fahrrad (2016d): Mehr als 100 Unternehmen unterstützen Volksentscheid Fahrrad. Gemeinsame Erklärung der Fahrradbranche zum IHK-Verkehrsgipfel. Volksentscheid Fahrrad. volksentscheid-fahrrad.de/de/2016/06/29/mehr-als-100-unternehmen-unterstuetzen-volksentscheid-fahrrad-gemeinsame-erklaerung-der-fahrradbranche-zum-ihk-verkehrsgipfel-2415/.

Volksentscheid Fahrrad (2016e): Wissenschaftler fordern Regierenden Bürgermeister Michael Müller in der Weltöffentlichkeit auf, den Volksentscheid Fahrrad zu unterstützen. Volksentscheid Fahrrad. volksentscheid-fahrrad.de/de/2016/05/30/wissenschaftler-fordern-regierenden-buergermeister-michael-mueller-in-der-weltoeffentlichkeit-auf-den-volksentscheid-fahrrad-zu-unterstuetzen-1987/.

Welzer, H. und Sommer, B. (2014): Transformationsdesign. Wege in eine zukunftsfähige Moderne. München: Oekom.

Wright, E. O. (2017): Reale Utopien. Frankfurt am Main: Suhrkamp.

# Transdisziplinarität und Projektmanagement. Zur Organisation von Wissensprozessen im Nachhaltigkeitsbereich

## Nico Lüdtke

Im Zuge des Bedeutungsgewinns von Nachhaltigkeit hat sich die deutsche Forschungslandschaft verändert. Dabei konnte sich ein Forschungstyp etablieren, der nicht nur nachhaltigkeitsrelevante Problemstellungen adressiert, sondern auch eine besondere Form der Wissensproduktion mit Beteiligung gesellschaftlicher Akteure und Gruppen anstrebt. Unter der Bezeichnung Transdisziplinarität werden im deutschsprachigen Raum etwa seit der Jahrtausendwende zunehmend Forschungsansätze diskutiert und angewendet, die eine Verbindung aus Problemorientierung und partizipativer Form der Wissenserzeugung aufweisen (Klein et al. 2001). Transdisziplinarität markiert sowohl die Umstellung von wissenschaftlich gesichertem Wissen auf die Herstellung kontextualisierten und gesellschaftlich relevanten Wissens, als auch eine weitgehend kooperative und partizipative Wissenserzeugung, die außerwissenschaftliche Akteure, Wissensformen, Werthaltungen, Interessen und Ansprüche in den Forschungsprozess mit einbindet (Hirsch-Hadorn et al. 2008; Jahn et al. 2012, Scholz 2011; Brinkmann et al. 2015).

In den gängigen Reflexionen dieses Forschungstyps wird Transdisziplinarität vielfach als Forschungsprozess thematisiert. Dabei werden Abläufe, Zusammenhänge und Phasen beschrieben, wie es beispielsweise die idealtypischen Modelle des Instituts für sozial-ökologische Forschung (ISOE) oder des Wuppertal Instituts für Klima, Umwelt, Energie illustrieren.[1] In der Forschungspraxis entspricht Transdisziplinarität natürlich kaum einem bestimmten schematischen bzw. idealisierten Prozess. Entscheidend ist vielmehr, wie transdisziplinäre Wissensprozesse im Forschungsalltag realisiert werden. Eine wesentliche Frage ist dabei, wie diese Prozesse organisiert werden. Organisationale Aspekte besitzen deswegen eine besondere Relevanz, weil die transdisziplinäre Forschung in aller Regel die spezifische Form von Projekten hat. Mit Blick auf die Projektförmigkeit transdisziplinärer Forschung ist von Bedeutung, dass die Kernaktivitäten über reines Forschen hinausgehen – auch in Projekten, die eine explizite Forschungsorientierung aufweisen. Der Beitrag zeigt im ersten Schritt auf, dass die wesentlichen Herausforderungen von transdisziplinären Projekten vielmehr in einer doppelten Integrationsaufgabe zu verorten sind, die auf einer inhaltlichen und einer beziehungsmäßigen Ebene liegt.

Einen zentralen Stellenwert, um die komplexen Integrationsleistungen zu realisieren, besitzen hierbei die Personen, die mit der Koordination der Zusammenarbeit innerhalb eines Projekts betraut sind, also das operative Projektmanagement. Im zweiten Schritt erörtert der Beitrag deshalb die Anforderungen, die an die Personen des Projektmanagements in transdisziplinären Projekten gestellt werden. Von wesentlicher Bedeutung ist, dass hierbei das Anforderungsspektrum nicht nur auf Managementaufgaben im Rahmen der Projektkoordination bezogen ist, sondern vor allem auch die Initiierung und Aufrechterhaltung der Zusammenarbeit der unterschiedlichen wissenschaftlichen und nicht-wissenschaftlichen Projektbeteiligten betrifft. Folglich ist der Blick insbesondere auf die Integrationsaufgaben auf der Beziehungsebene zu richten, die eine erfolgreiche transdisziplinäre Projektarbeit zwar ganz wesentlich auszeichnen, die aber gewöhnlich in den Projektergebnissen, Berichten und Publikationen praktisch unsichtbar werden.

---

1 https://www.isoe.de/fileadmin/redaktion/Das_ISOE/Institutsbericht/isoe-institutsbericht-2017.pdf; https://wupperinst.org/forschung/transformative-forschung/(abgerufen: 27.08.2018).

Abschließend geht der Beitrag darauf ein, dass eine Reflexion, die nur auf Managementtätigkeiten reduziert, dennoch nur ein eingeschränktes Bild der Anforderungen der projektförmigen transdisziplinären Forschung erfasst. Vor dem Hintergrund zunehmend intensiver Auseinandersetzungen mit den speziellen Anforderungen des Projektmanagements in transdisziplinären Projekten, die teils auch handbuchartig aufbereitet werden (Defila et al. 2006, 2008; Lange und Fuest 2015), geht der Beitrag auf die Frage ein, warum das Projektmanagement nicht nur im Sinne der Realisierung guter Managementstrukturen, die lehr- und lernbar wären, relevant ist, sondern eine weitere Ebene umfasst. Auf der Mikroebene der Organisation von transdisziplinären Wissensprozessen zeigt sich, dass die erfolgreiche Projektarbeit im transdisziplinären Bereich wesentlich von der persönlichen Eigenverantwortung besonders der Personen des Projektmanagements abhängt.

## Anforderungen der Integration in transdisziplinären Projekten

Transdisziplinäre Projekte zeichnen sich durch ein großes Spektrum an Aufgaben aus. Um die verschiedenen Aufgaben zu systematisieren, lassen sich zwei wesentliche Integrationsherausforderungen unterscheiden: nämlich auf inhaltlicher und beziehungsmäßiger Ebene. Diese Herausforderungen ergeben sich daraus, dass in solchen Projekten auf beiden Ebenen gehandelt werden muss.

Auf einer inhaltlichen Ebene bestehen die zentralen Herausforderungen darin, dass am Projektbeginn innerhalb der Gruppe von Projektbeteiligten gemeinsame Forschungsgegenstände und Projektziele zu definieren sind, um dann im weiteren Projektverlauf gemeinsame Ergebnisse oder Produkte hervorzubringen. Aufgrund des Anspruchs transdisziplinärer Forschung handelt es sich hierbei gewöhnlich nicht um triviale Angelegenheiten. Denn das Projekt muss in seiner inhaltlichen Arbeit zwei Elemente permanent verknüpfen:

sowohl die Adressierung eines gesellschaftlichen Problems, also ein Praxis-
ziel bzw. konkreter Handlungsbedarf in einem bestimmten Feld, als auch die
Bezugnahme auf einen jeweils relevanten wissenschaftlichen Forschungsstand – mit anderen Worten: Nützlichkeitskriterien werden mit wissenschaftlichen Ansprüchen verknüpft (vgl. Bergmann et al. 2010, S. 31 f.). Dabei muss
nicht nur die Definition des jeweiligen gesellschaftlichen Problems hinreichend
anschlussfähig gemacht werden, damit die Beteiligten im Forschungsprozess
mit einer gemeinsamen Problemsicht und einer übereinstimmenden Zielvorstellung zusammenarbeiten können (Bergmann et al. 2010, S. 64 f., 270 f.). Oft
sind auch unterschiedliche Forschungskontexte relevant und müssen aufeinander bezogen werden, weil die Themen transdisziplinärer Forschung vielfach
quer zur nach Disziplinen geordneten Wissenschaftslandschaft liegen.[2]

Hinsichtlich der inhaltlichen Ebene bestehen demnach besondere Anforderungen der Wissensintegration. Wissensintegration umfasst dabei zwei
Bereiche, die aufgrund der Verbindung der beiden Kernprinzipien von Transdisziplinarität, nämlich Orientierung an gesellschaftlichen Problemen und Partizipation außerwissenschaftlicher Akteursgruppen, teils große Anstrengungen
erfordern: einerseits die Integration verschiedenen disziplinären Fachwissens
(einschließlich der Diversität von Methoden) sowie unterschiedlicher Formen
außerwissenschaftlichen Wissens; andererseits die Integration unterschiedlicher Ziele, Ansprüche und Perspektiven, also die Suche nach dem größtmögli-
chen Konsens zwischen unterschiedlichen Positionen verschiedener Wissensträger (einzelne Akteure, Gruppen oder Institutionen bzw. Organisationen)
und dem bestmöglichen Ausgleich von Interessen.[3]

---

2  Bergmann et al. (2010, S. 21, 42 f.) verweisen etwa darauf, dass die Integration der Wissensbestände und Verfahrensweisen im Feld ausdifferenzierter Spezialdisziplinen vor allem
   dann eine Herausforderung darstellt, wenn es nicht nur um eine Addition von Wissen geht,
   sondern um Prozesse gemeinsamer Theorieentwicklung – wobei hierbei die Integration
   unterschiedlicher Naturwissenschaften einen anderen Charakter hat als die Integration von
   Natur- und Sozialwissenschaften (vgl. auch Jahn 2008, S. 32).
3  Die Herausforderungen der Wissensintegration werden bei Bergmann et al. (2010, S. 32 ff.)
   geschildert und verschiedene Methoden und Instrumente werden vorgestellt (S. 47 ff.).

Auf einer zweiten Ebene von Anforderungen, die sich als Beziehungsebene beschreiben lässt, kommen weitere Herausforderungen zum Tragen. Diese Ebene ist mindestens ebenso entscheidend, denn die Projektzusammenarbeit muss als solche überhaupt erst ermöglicht und dann permanent aufrechterhalten werden. Die Beziehungsebene bedarf einer besonderen Berücksichtigung. Denn die Besonderheit transdisziplinärer Projekte liegt darin, dass nicht nur die Kooperation zwischen Forschenden unterschiedlicher Wissenschaftsdisziplinen realisiert werden muss (wie dies auch in vielen interdisziplinären Forschungsprojekten der Fall ist). Wesentliche Herausforderungen ergeben sich vielmehr zusätzlich mit Blick auf die Projektzusammenarbeit mit den Partnerinnen und Partnern ohne primäre Wissenschafts- oder Forschungsorientierung aus verschiedenen Bereichen gesellschaftlicher Praxis. Transdisziplinäre Forschung bindet ihrem Anspruch nach stets verschiedene nicht-wissenschaftliche Akteure ein, beispielsweise aus Unternehmen, Politik und Verwaltung oder aus dem zivilgesellschaftlichen Bereich.

In einer genaueren Betrachtung der heterogenen Zusammensetzung solcher Gruppen von Projektbeteiligten lassen sich unterschiedliche Dimensionen festhalten:[4]

a) Erstens ist zu konstatieren, dass transdisziplinäre Projekte unterschiedliche Akteure einbinden und dass die Handlungen innerhalb der Projekte auf unterschiedliche Akteursgruppen verteilt sind. Von Bedeutung hinsichtlich der sozialen Heterogenität ist, dass die Projektpartner vielfach in verschiedene institutionelle Settings oder Weisungshierarchien eingebunden bleiben können,

---

4  Diese Dimensionen basieren einerseits auf eigenen empirischen Beobachtungen im Feld der außeruniversitären transdisziplinären Forschung (Lüdtke 2018a, b). Andererseits bauen die Überlegungen auf dem Stand der Diskussion zu den Wandlungen der Praktiken und Institutionen der Wissensproduktion im Zuge einer Neurelationierung von Wissenschaft, Wirtschaft und Politik auf, die – durchaus kontrovers – etwa unter Stichworten wie »mode 2 of knowlegde production« (Gibbons et al. 1994; Nowotny et al. 2001) oder »post-normal science« (Funtowicz und Ravetz 1993) geführt wird.

die in den jeweiligen Unternehmens- oder Organisationskontexten bestehen, denen sie angehören.

b) Zweitens besteht eine sachliche Heterogenität, insofern innerhalb der Projekte unterschiedliche Wissensformen, Interessen und Ansprüche aufeinandertreffen. Besondere Herausforderungen ergeben sich dabei daraus, dass Forschende aus unterschiedlichen disziplinären Kulturen und Akteure mit teils ganz verschiedenen kulturellen Prägungen zusammenarbeiten. Die Sprech-, Denk- und Handlungsgewohnheiten können sich stark unterscheiden, je nachdem, ob jemand aus einem Unternehmen, einem Bereich der öffentlichen Verwaltung oder einer Bürgerinitiative kommt – ganz zu schweigen von den Unterschieden aufgrund regionaler oder länderspezifischer Eigenheiten.

c) Drittens ist die Projektarbeit durch räumliche Fragmentierung geprägt. Durch die Verteilung der Handlungen innerhalb der Projekte laufen die Aktivitäten gewöhnlich an unterschiedlichen Orten ab. Die Arbeiten können lokal verteilt sein, aber auch überregional oder sogar international-grenzüberschreitend.

d) Viertens schließlich lassen sich Unterschiede in den zeitlichen Perspektiven durch verschiedene Orientierungen beispielsweise in Wissenschaft, Politik und Unternehmen feststellen. Verbunden mit dem hohen Maß an Heterogenität, Verteilung und Fragmentierung besteht darüber hinaus oft die Schwierigkeit zeitlicher Diskontinuitäten in der Projektarbeit, etwa in Folge von Abbrüchen durch Personalfluktuation.

In Anbetracht der unterschiedlichen Facetten von Heterogenität lässt sich ableiten, dass nicht allein die formal-organisatorische Koordination innerhalb eines Projekts schwierig sein kann. Darüber hinaus wird deutlich, dass eine erfolgreiche Projektarbeit im transdisziplinären Bereich vor allem darauf beruht, dass es gelingt, einen Modus der produktiven Zusammenarbeit zwischen den unterschiedlichen Projektmitgliedern zu etablieren.

Sowohl hinsichtlich der Herausforderungen auf der inhaltlichen Ebene, als auch hinsichtlich der Herausforderungen auf der Beziehungsebene zeigt sich somit, dass die hauptsächlichen Aufgaben in transdisziplinären Projekten keineswegs allein im Bereich des Forschens liegen. Forschen ist ein wichtiger Bestandteil der Arbeit transdisziplinärer Projekte – allerdings aufgrund der Verteilung von Handlungen primär Aufgabe der wissenschaftlichen Projektbeteiligten und nicht etwa der Praxispartner.

Bezogen auf das gesamte Spektrum an Herausforderungen, die transdisziplinäre Projekte im Kern auszeichnen, bestehen die wesentlichen Anforderungen von transdisziplinären Projekten in der Realisierung einer doppelten Integrationsleistung: auf der inhaltlichen Ebene die Anforderungen der Wissensintegration; auf der Beziehungsebene die organisatorischen Anforderungen hinsichtlich des Kooperationsprozesses. Entscheidend ist dabei, dass die Aufgaben auf beiden Ebenen einen Zusammenhang bilden. Die Integrationsleistungen auf der Beziehungsebene bilden eine wesentliche Voraussetzung für den Gesamtprozess; damit die Wissensintegration im Projekt realisiert werden kann, muss die Zusammenarbeit zwischen den unterschiedlichen Projektmitgliedern dauerhaft sichergestellt sein. Gleichzeitig sind die Bemühungen um eine kognitive Synthese- und Konsensbildung die Bedingung für die soziale Integration innerhalb eines Projekts; denn die Etablierung einer Kooperationskultur setzt voraus, dass man in einem ausreichenden Maß mit den verschiedenen Denkweisen und Wissens- und Kommunikationskulturen der anderen Projektbeteiligten vertraut ist und diese so weit versteht, wie es für die Zusammenarbeit erforderlich ist.

# Die Rolle des Projektmanagements

Um die komplexen Integrationsleistungen zu realisieren, die sich aufgrund der teils hochgradig heterogenen Zusammensetzung von transdisziplinären Projekten ergeben, haben die Personen einen zentralen Stellenwert, die mit der Koordination der Zusammenarbeit innerhalb eines Projekts betraut sind, also dem operativen Projektmanagement. Die Integration auf inhaltlicher Ebene wie auf Beziehungsebene läuft trotz guten Willens aller Beteiligten nicht von selbst, sondern muss aktiv erzeugt werden. Das Projektmanagement muss während der gesamten Projektlaufzeit die Zusammenarbeit koordinieren und begleiten, moderieren und anregen.

Für transdisziplinäre Projekte gilt dabei zunächst, was für die projektförmige Organisationsform allgemein gilt. Diese Organisationsform weist von vornherein eine gewisse Ambivalenz auf, insofern die Projektförmigkeit zwei Elemente vereint, nämlich sowohl Planbarkeit als auch relative Freiheit gegenüber den Grundsätzen einer formalen Organisation. Die Verbreitung der Projektform im Bereich von Innovation und Forschung beruht gerade darauf, dass diese Form in einem relativ klar definierten zeitlichen, thematischen und sozialen Arrangement gewisse Freiheiten in Relation zur Gesamtorganisation bzw. Toleranzräume für Ungewisses und Ungewöhnliches eröffnet (Besio 2009; Torka 2009). Dementsprechend können innovations- und wissensorientierte Projekte nicht einfach nach dem Prinzip direkter Steuerung mit straffer Planung, fest definierten Zielen und rigider Kontrolle geleitet und koordiniert werden. Im Vordergrund steht vielmehr das Prinzip der indirekten bzw. evolutionären Steuerung. Orientiert am Bild selbstorganisierender Systeme liegt der Fokus des Projektmanagements etwa nicht auf der Definition starrer Zielvorgaben, sondern eher auf einer evolutionären Zielentwicklung innerhalb iterativ-zyklischer Entwicklungsprozesse.

Die Aufgaben des Projektmanagements in Innovations- und Forschungsprojekten betreffen dementsprechend immer zwei Seiten:

Einerseits muss das Projektmanagement aktiv die Zusammenarbeit planen, organisieren und strukturieren, indem formalisierende Management- und Führungstechniken angewendet werden: etwa mittels Zuschreibung funktional und sequenziell aufgegliederter Aufgaben und durch Kontrolle der Zuständigkeiten der Projektbeteiligten hinsichtlich des Verlaufs der Projektphasen und des Erreichens von »Meilensteinen«. Diese Managementaufgaben der

Projektkoordination durch Fixierung und Überprüfung von Zeit- und Arbeitsplänen kennzeichnen die formale Seite des Projektmanagements.

Andererseits hat das Projektmanagement auch die Aufgabe, die Gruppe von Projektbeteiligten darin zu unterstützen und anzuleiten, dass die unterschiedlichen Projektmitglieder als ein Projektteam zusammenarbeiten. Neben der reinen Koordination ist es also gleichzeitig auch die Aufgabe des Projektmanagements, die Zusammenarbeit des Teams zu aktivieren und zu moderieren sowie eventuell entstehende Konflikte zu entschärfen. Diese zweite Seite des Projektmanagements betrifft das Projekt als einen sozialen Prozess (Litke 2004, S. 287 f.). Zu diesen prozessorientierten Managementtätigkeiten gehören spezielle Techniken der Kommunikation und Interaktion, etwa zur Kreativitätssteigerung, zur Förderung einer Kooperationskultur oder zur Konfliktlösung. Soft Skills bzw. psychologisch-soziale Kompetenzen des Projektmanagements haben insofern einen großen Stellenwert. Gerade die »weichen« Methoden gelten als entscheidend, weil die Leistungsfähigkeit von Projekten in den Selbstorganisationsprozessen gesehen wird, die durch die Selbstbestimmung und Selbstverwirklichung der Personen innerhalb des Projektteams getrieben werden (Litke 2004, S. 163 ff., 287 f.).

Da das Projektmanagement gegenüber den übrigen Projektmitgliedern in der Regel keine Personalverantwortung oder Weisungsbefugnisse besitzt, kennzeichnet diese Doppelstruktur das Spektrum an Möglichkeiten, koordinierend sowie moderierend und aktivierend tätig zu werden. Hinsichtlich transdisziplinärer Projekte ist dabei vor allem die zweite, nämlich prozessorientierte Seite des Projektmanagements von Bedeutung. Die Herausforderung, die Gruppenzusammenarbeit zwischen teils sehr unterschiedlichen Projektbeteiligten zu initiieren, aufrechtzuerhalten und zu lenken, ist speziell in transdisziplinären Projekten besonders ausgeprägt. Wie oben ausgeführt basiert diese Herausforderung darauf, dass sich das Problem der Integration sowohl auf inhaltlicher als auch auf Beziehungsebene in einem erheblichen Ausmaß stellt. Die besonderen Integrationsanforderungen resultieren aus der Zusammensetzung solcher

Projekte. Durch die Realisierung der beiden zentralen Ansprüche von Transdisziplinarität, nämlich Problemorientierung und partizipative Beteiligung, ergibt sich ein vergleichsweise hohes Maß an Heterogenität unter den Projektbeteiligten. Dies stellt zusätzliche Anforderungen an das Projektmanagement. Diesbezüglich ist die Frage interessant, wie die Personen des Projektmanagements in der Praxis den besonderen Integrationsherausforderungen begegnen, die die Arbeit transdisziplinärer Projekte kennzeichnen.

## Projektmanagement und Verantwortungszuschreibung

Wie kann in transdisziplinären Projekten Integration und Kooperation sichergestellt werden, gelten Projekte allgemein und transdisziplinäre Projekte im Besonderen doch als eine Organisationsform ohne formal-hierarchische Aufgaben- und Weisungsstrukturen? Die Bereitschaft zur Zusammenarbeit und das Engagement basieren auf dem Commitment der Projektmitglieder. Doch angesichts der großen Heterogenität (in sozialer, sachlicher, räumlicher und zeitlicher Hinsicht) ist die Zusammenarbeit zwischen den verschiedenen Projektbeteiligten bereits am Projektbeginn schwierig und bleibt auch über den weiteren Projektverlauf eine Herausforderung. Die Integration auf inhaltlicher Ebene (Wissensintegration) wie auch auf Beziehungsebene gestaltet sich folglich durchgehend schwierig. Wodurch gelingt es, dass sich die gesamte Projektgruppe an einer gemeinsamen Problemsicht und Zielvorstellung orientiert und eine ausreichende Bereitschaft zur Zusammenarbeit zeigt?

Bezüglich dieser Frage liegen mittlerweile verschiedene Reflexionsarbeiten zu den speziellen Anforderungen an das Projektmanagement in transdisziplinären Projekten vor, die teils handbuchartig aufbereitet sind (Defila et al. 2006, 2008; Lange und Fuest 2015). In diesen Arbeiten wird großes Augenmerk darauf gelegt, dass innerhalb transdisziplinärer Projekte aufgrund der

Zusammensetzung der Projektbeteiligten aus Wissenschaft und Praxis besondere bzw. zusätzliche Anforderungen an das Management bestehen: Die Managementaufgaben liegen nicht nur in der Koordination, sondern sind im besonderen Maß auf die Kommunikation und Motivation im Projekt bezogen. Hierbei werden die beiden – oben ausgeführten – Kernherausforderungen von Transdisziplinarität in den Mittelpunkt gerückt, nämlich einerseits Probleme inhaltlicher Verständigung sowie andererseits Hemmnisse hinsichtlich der Zusammenarbeit und Teambildung. Verschiedene abgeschlossene Projekte werden dazu mit Blick auf die Abläufe und Schwierigkeiten im Projektmanagement analysiert, um praktische Empfehlungen und Ratschläge anzubieten, etwa in Form von Aufgabenübersichten und Handlungsanweisungen sowie Problemlösungs- und Vermeidungsstrategien.

Was in diesen Arbeiten allerdings üblicherweise nicht reflektiert wird, ist, dass der Erfolg transdisziplinärer Projekte nicht allein auf der Realisierung guter Managementtätigkeiten basiert. Eine gute Planung und Durchführung der Koordination sowie die Beherrschung informaler bzw. »weicher« Methoden und Tools sind essenziell. Die außerordentlich hohen formalen und vor allem informalen Anforderungen an das Management können jedoch letztlich nur bewältigt werden, da die Personen auf der Ebene des Projektmanagements in transdisziplinären Projekten ein besonders ausgeprägtes Maß an persönlichem Verantwortungsgefühl zeigen, das mit der normativen Ausrichtung von Nachhaltigkeit und Transdisziplinarität zusammenhängt. Um diese Zusammenhänge nachzuvollziehen, ist eine Betrachtung der Formen der Verantwortungszuschreibung innerhalb transdisziplinärer Projekte erforderlich.[5]

»Verantwortung« lässt sich allgemein als eine soziale Relation der Zuschreibung beschreiben, die mit bestimmten praktischen Zwecken in Verbindung

---

5  Die folgenden Ausführungen basieren auf einer Untersuchung transdisziplinärer Projekte an verschiedenen deutschen außeruniversitären Forschungsinstituten, deren Ergebnisse andernorts publiziert sind (Lüdtke 2018a, b). Einige Textpassagen sind diesen Veröffentlichungen entnommen.

steht – z. B. um für negativ bewertete Handlungsfolgen einen Schuldigen zu benennen oder um für die Herstellung eines positiv bewerteten Zustands einen Zuständigen zu bestimmen (Bayertz 1995, S. 64 f., Gerhards et al. 2007, S. 106). Dabei kann die Frage der Verantwortungszuschreibungen nicht nur darauf gerichtet werden, was zugeschrieben wird, sondern ebenso darauf, wer wem etwas zuschreibt. In der Forschungsliteratur zu Verantwortung steht vielfach nur der erste Aspekt im Zentrum, wenn etwa vor allem Fragen diskutiert werden zur Verursachung bestimmter Handlungsfolgen oder zur Zuständigkeit etwa hinsichtlich der »nachhaltigen« Aufrechterhaltung des Gemeinwesens (Bayertz 1995, S. 32; Heidbrink 2003, S. 209 f.). Im Zusammenhang transdisziplinärer Projektorganisation ist dagegen insbesondere der zweite Aspekt von Bedeutung (Lüdtke 2018a, b). Denn hier geht es um die Unterscheidung von Selbst- und Fremdzuschreibung von Verantwortung.

Die Differenz von Selbst- und Fremdzuschreibung ist auf die Frage gerichtet, durch wen und an wen Verantwortung adressiert wird. Mit diesem Fokus lassen sich verschiedene Formen unterscheiden, wie Verantwortung im Kontext sozialer Zusammenhänge zugerechnet wird. Mit Blick auf die Verantwortungsverhältnisse in transdisziplinären Projekten zeigt sich auf diese Weise, dass Formen der Fremdzuschreibung von Verantwortung zwar relevant sind, dass jedoch die Projektarbeit vor allem daran gebunden ist, dass sich die Beteiligten selbst verantwortlich fühlen und insofern persönlich motiviert sind.

Auf einer formalen Ebene werden durch das Projektmanagement bestimmte funktional strukturierte Zuständigkeiten definiert und überprüfbar gemacht, die schließlich auch (positiv wie negativ) sanktioniert werden können. Hierbei handelt es sich um Formen der Fremdzuweisung von Verantwortung. Von besonderer Bedeutung sind jedoch die informalen Formen von Verantwortung. Die Zusammenarbeit innerhalb eines Projektteams basiert zu einem wesentlichen Teil darauf, dass sich die Beteiligten – über die formalisierten Aufgaben hinaus – auf einer persönlichen Ebene verantwortlich für die Realisierung des Projekts und das Erreichen der Projektziele fühlen. Die Motivation zur Zusammenarbeit speist sich aus der positiv bewerteten Selbstzuschreibung von Verantwortung. Hier bleiben die Möglichkeiten des Projektmanagements allerdings eingeschränkt, weil die persönliche Motivation der Projektbeteiligten zwar gefördert werden kann, aber letztlich von der Selbstzuweisung von Verantwortung, im Sinne einer wertvoll erachteten Zuständigkeit, abhängt.

Interessant ist nun, wenn man speziell auf die Ebene des Managements von Projekten fokussiert: Der organisatorische Mehraufwand durch das hohe Maß an Heterogenität führt auf der Ebene des Projektmanagements zu einer weiteren Form der Selbstzuschreibung von Verantwortung. Die Realisierung von transdisziplinären Projekten basiert ganz wesentlich auf dem persönlichen Verantwortungsgefühl der Personen des Projektmanagements selbst bzw. deren innerer Motivation.

Angesichts heterogener Akteure und mikropolitischer Unstimmigkeiten lautet in transdisziplinären Projekten für das Koordinationspersonal das Dauerproblem: Wie lässt sich die erforderliche Zusammenarbeit zwischen den unterschiedlichen Projektpartnern organisieren? Den Möglichkeiten formalisierender Verfahren sind Grenzen gesetzt. Aber auch »weiche« Moderationstools und interaktive Kommunikationstechniken sind nur begrenzt wirksam. Vor diesem Hintergrund lassen sich zwei Formen einer normativ gehaltvollen Verantwortungsattribution beobachten. Einerseits schreiben sich Personen des Projektmanagements auf einer persönlichen Ebene Verantwortung für die Erreichung der inhaltlichen Projektziele zu. Darüber hinaus verpflichten sie sich selbst dazu, dass das Projekt als solches fort- bzw. zum Erfolg geführt wird. Beide Formen der Verantwortungszuschreibung stehen im Zusammenhang mit dem normativen Anspruch von Transdisziplinarität: Sowohl auf inhaltlicher Ebene als auch auf Beziehungsebene wird transdisziplinärer Forschung ein besonderer Wert zugemessen. Denn sowohl die Problemorientierung als auch die Realisierung von Partizipation werden als besonders wertvoll erachtet. Dies wirkt sich insbesondere auf der Managementebene aus: Die Koordinationspersonen schreiben sich selbst Verantwortung zu für das Erreichen von

Projektzielen sowie für die Herstellung und Aufrechterhaltung der Projektzusammenarbeit.

Daraus lässt sich ableiten, dass die Durchführung und der Erfolg von nachhaltigkeitsorientierten transdisziplinären Projekten nicht einfach nur von guten Managementstrukturen abhängen, die formalisierende Verfahren und gleichzeitig informale Techniken und Methoden umfassen. Angesichts des teils immensen Organisationsaufwands basiert der Erfolg vielmehr zu einem wesentlichen Teil auf der inneren Motivation der koordinierenden Personen. Die außerordentlich hohen Anforderungen der Organisation in transdisziplinären Projekten können letztlich nur bewältigt werden, da die Personen auf der Ebene des Projektmanagements ein besonders ausgeprägtes Maß an persönlichem Verantwortungsgefühl zeigen, das mit der normativen Ausrichtung von Nachhaltigkeit und Transdisziplinarität zusammenhängt. Anhand transdisziplinärer Projekte wird also deutlich, dass zwar die projektförmige Forschung notwendigerweise durch Managementstrukturen gekennzeichnet ist, die bis zu einem bestimmten Grad formalen Charakter besitzen sowie informale Techniken und Methoden umfassen. Gerade im Nachhaltigkeitsbereich zeigt sich jedoch, dass die Projektarbeit wesentlich durch die normativ gehaltvolle Selbstzuschreibung von Verantwortung getrieben ist.

## Schlussfolgerungen

Transdisziplinäre Projekte gehen mit einem erheblichen Organisationsaufwand einher: sowohl auf inhaltlicher Ebene als auch auf Beziehungsebene. Es muss eine Verständigungs- und Kooperationskultur zwischen den unterschiedlichen Projektbeteiligten aus Wissenschaft und Praxis organisiert und etabliert werden. Dabei wird deutlich, dass Management in transdisziplinären Projekten mehr bedeutet, als die reine Koordination der unterschiedlichen Handlungsbeiträge verschiedener Projektmitglieder. Gleichzeitig wäre es zu kurz gegriffen, wenn man die Managementanforderungen nur auf der Ebene einer Moderation inhaltlicher Abstimmungen sieht. Im Zentrum steht die Herausforderung, alle Projektbeteiligten zur Teamzusammenarbeit zu motivieren und anzuleiten. Die Leistungsfähigkeit von transdisziplinären Projekten hängt sehr von den Aktivitäten des Projektmanagements ab, das sowohl auf inhaltlicher Ebene als auch auf Beziehungsebene die Zusammenarbeit koordinieren und vor allem auch moderieren und aktivieren muss. Neben formalisierenden Verfahren der Koordination kommen hierbei »weiche« Moderationstools und interaktive Kommunikationstechniken zur Anwendung.

Mit Blick auf die Verantwortungsverhältnisse in transdisziplinären Forschungsprojekten zeigt sich, dass Formen der Fremdzuschreibung formaler Zuständigkeiten zwar relevant sind, dass aber die Projektarbeit vor allem daran gebunden ist, dass sich die Projektbeteiligten selbst verantwortlich fühlen und insofern persönlich motiviert sind. Der organisatorische Mehraufwand durch das hohe Maß an Heterogenität – der sich in transdisziplinären Projekten im Vergleich zu anderen Bereichen projektförmiger Forschung beobachten lässt – steht aber noch mit einer weiteren Form der Selbstzuschreibung von Verantwortung in Verbindung, nämlich auf der Ebene der Personen des Projektmanagements. Der Erfolg dieser Projekte hängt ganz wesentlich von dem persönlichen Verantwortungsgefühl der Koordinierenden selbst und deren innerer Motivation ab.

Insofern ist es richtig und wichtig, dass Reflexionsarbeiten und Handbücher die komplexen Anforderungen des Projektmanagements – auch im Sinne einer Professionalisierung – dokumentieren und Handlungsorientierungen und praktische Ratschläge geben. Der Organisationsaufwand transdisziplinärer Projekte verlangt ein hohes Maß an Managementkompetenzen. Der Blick auf Verantwortungszuschreibungen zeigt aber, die Personen des Projektmanagements sind nicht nur vor große organisatorische Anforderungen gestellt, sondern darüber hinaus besteht die Schwierigkeit, dass die koordinierenden Personen die Herausforderungen durch ausgeprägtes Engagement und persönliche Motivation kompensieren müssen, sodass mitunter auch die Gefahr einer persönlichen Überforderung gegeben sein kann. Das persönliche Verantwortungsgefühl auf der Ebene des Projektmanagements, das für die Organisation der Zusammenarbeit in transdisziplinären Projekten eine beträchtliche Bedeutung hat, gilt es daher im größeren Maß als bisher zu berücksichtigen und wertzuschätzen. Ohne dies ist die projektförmige transdisziplinäre Forschung nicht zu haben.

# Literatur

Bayertz, K. (1995): Eine kurze Geschichte der Herkunft der Verantwortung. S. 3–71 in: Kurt Bayertz (Hrsg.): Verantwortung: Prinzip oder Problem?, Darmstadt: Wiss. Buchges.

Bergmann, M./Jahn, T./Knobloch, T./Krohn, W./Pohl, C./Schramm, E. (2010): Methoden transdisziplinärer Forschung: ein Überblick mit Anwendungsbeispielen, Frankfurt/Main: Campus.

Besio, C. (2009): Forschungsprojekte: Zum Organisationswandel in der Wissenschaft, Bielefeld: transcript.

Brinkmann, C./Bergmann, M./Huang-Lachmann, J.-T./Rödder, S./Schuck-Zöller, S. (2015): Zur Integration von Wissenschaft und Praxis als Forschungsmodus – Ein Literaturüberblick. Report 23, Hamburg: Climate Service Center Germany.

Defila, R./Di Giulio, A./Scheuermann, M. (2006): Forschungsverbundmanagement: Handbuch für die Gestaltung inter- und transdisziplinärer Projekte, Zürich: vdf Hochschulverlag.

Defila, R./Di Giulio, A./Scheuermann, M. (2008): Management von Forschungsverbünden – Möglichkeiten der Professionalisierung und Unterstützung, Weinheim: Wiley-VCH Verlag.

Funtowicz, S. O./Ravetz, J. R. (1993): Science for the Post-normal Age. Futures, 25(7): S. 739–755.

Gerhards, J./Offerhaus, A./Roose, J. (2007): Die Öffentliche Zuschreibung von Verantwortung. Kölner Zeitschrift für Soziologie und Sozialpsychologie, 59(1): S. 105–124.

Gibbons, M./Limoges, C./Nowotny, H./Schwartzman, S./Scott, P./Trow, M. (1994): The new production of knowledge. The dynamics of science and research in contemporary societies, London: Sage.

Heidbrink, L. (2003): Kritik der Verantwortung. Zu den Grenzen verantwortlichen Handelns in komplexen Kontexten, Weilerswist: Velbrück Wissenschaft.

Hirsch-Hadorn, G./Biber-Klemm, S./Grossenbacher-Mansuy, W./Hoffmann-Riem, H./Joye, D./Pohl, C./Wiesmann, U./Zemp, E. (2008): Emergence of Transdisciplinarity as a Form of Research. S. 19–39 in: Gertrude Hirsch-Hadorn/Holger Hoffmann-Riem/Susette Biber-Klemm/Walter Grossenbacher-Mansuy/Dominique Joye/Christian Pohl/Urs Wiesmann/Elisabeth Zemp (Hrsg.): Handbook of Transdisciplinary Research, Dordrecht: Springer.

Jahn, T. (2008): Transdisziplinarität in der Forschungspraxis. S. 21–37 in: Matthias Bergmann/Engelbert Schramm (Hrsg.): Transdisziplinäre Forschung. Integrative Forschungsprozesse verstehen und bewerten, Frankfurt/Main: Campus.

Jahn, T./Bergmann, M./Keil, F. (2012): Transdisciplinarity: Between mainstreaming and marginalization. Ecological Economics 79: S. 1–10.

Klein, J. T./Grossenbacher-Mansuy, W./Häberli, R./Bill, A./Scholz, R. W./Welti, M. (Hrsg.) (2001): Transdisciplinarity: Joint problem solving among science, technology, and society: An effective way for managing complexity, Basel: Birkhäuser.

Lange, H./Fuest, V. (2015): OPTIONEN zur Stärkung inter- und transdisziplinärer Verbundforschung. artec-paper, Nr. 201.

Litke, H.-D. (2004): Projektmanagement. Methoden, Techniken, Verhaltensweisen, 4. Aufl., München: Hanser.

Lüdtke, N. (2018a): Transdisziplinarität als neuer Typus projektförmig organisierter Forschung? Formen der (Selbst-)Verantwortung und wissenspolitische Paradoxien. S. 249–272 in: Henning Laux/Anna Henkel (Hrsg.): Die Erde, der Mensch und das Soziale: Zur Transformation gesellschaftlicher Naturverhältnisse im Anthropozän, Bielefeld: Transcript.

Lüdtke, N. (2018b): Transdisziplinarität und Verantwortung. Wissenschaftssoziologische Perspektiven auf projektförmig organisierte Forschung. S. 105–121 in: Anna Henkel/Nico Lüdtke/Nikolaus Buschmann/Lars Hochmann (Hrsg.): Reflexive Responsibilisierung. Verantwortung für nachhaltige Entwicklung, Bielefeld: Transcript.

Nowotny, H./Scott, P./Gibbons, M., 2001: Re-thinking science. Knowledge and the public in an age of uncertainty, Cambridge: Polity.

Scholz, R. W. (2011): Environmental literacy in science and society: From knowledge to decisions, Cambridge: Cambridge Univ. Press.

Torka, M. (2009): Die Projektförmigkeit der Forschung, Baden-Baden: Nomos.

# Dilemmata der Nachhaltigkeit zwischen Evaluation und Reflexion. Begründete Kriterien und Leitlinien für Nachhaltigkeitswissen

Anna Henkel, Matthias Bergmann, Nicole Karafyllis, Bernd Siebenhüner, Karsten Speck

## 1 Reflexion auf Nachhaltigkeitswissen als Desiderat

Nachhaltigkeit erscheint inzwischen als Konzept gesellschaftlich ebenso etabliert wie als Anspruch unbedingt berechtigt. Ein ursprünglich auf die Erhaltung von Ressourcen angelegtes Simulationsmodell und zugehöriger Diskurs (Meadows et al. 1972) wird bereits im Brundtland-Bericht um den Anspruch erweitert, ökologische, soziale und ökonomische Ziele derart miteinander zu verbinden, dass entsprechende Ressourcen auch künftigen Generationen zur Verfügung stehen sollen (Hauff 1987). Spätestens mit den 2015 von den Vereinten Nationen verabschiedeten *sustainable development goals* (SDGs) sind die Legitimität dieses Anspruchs und die Heterogenität der damit verbundenen Zielsetzungen über gesellschaftliche Akteure hinweg weitgehend anerkannt (Pfister et al. 2016). Dieser Schulterschluss wurde etwa auf dem Weltklimagipfel 2015 in Paris deutlich, auf dem sich Vertreter von Politik, Wirtschaft und unterschiedlichen Bereichen der Zivilgesellschaft zumindest auf einen kleinsten gemeinsamen Nenner zum Klimaschutz verständigen konnten.

Diese allgemeine Akzeptanz von Nachhaltigkeit bringt jedoch eine fundamentale Schwierigkeit mit sich: Indem Nachhaltigkeit sich auf heterogene

Zielsetzungen bezieht und unterschiedliche gesellschaftliche Gruppen »Nachhaltigkeit« für sich in Anspruch nehmen, verliert das Konzept zunehmend an Kontur. Deutlich wird dies bereits an den oben erwähnten SDGs, zwischen denen und deren Unterzielen partielle Widersprüche bestehen (Koehler 2016; Stevens und Kanie 2016). Nachhaltigkeit droht zu einem *empty signifier* zu werden, der zwar in vielerlei Hinsicht anschlussfähig ist, aber als »black box« zugleich in vielfacher Weise strategisch aufgefüllt werden kann (z. B. mit Initiativen zur Bioökonomie und zum Geoengineering, aber auch mit kulturwissenschaftlichen Forderungen nach Abschaffung des Anthropozentrismus oder mit Hinwendung zum Posthumanismus). Indem Nachhaltigkeit gerade nicht begrifflich geschärft ist, wird begründungsbedürftig, wann und warum eine Inanspruchnahme des Adjektivs »nachhaltig« überhaupt gerechtfertigt ist – eine Begründung, die zumeist unterbleibt. Kritik an Nachhaltigkeitsprojekten und transformativer Forschung reicht denn auch vom Vorwurf eines »*green washing*« rein gewinnorientierter Interessen bis hin zum Vorwurf eines »transdisziplinären Solutionismus« (Strohschneider 2014). In diese Richtung gehen auch die Kritik am technik- und naturwissenschaftlich dominierten Anthropozän-Konzept (Bonneuil und Fressoz 2016) oder die Kritik aus den Ländern des Südens und der Genderforschung, die hinter »sustainable development« Strategien zur Affirmierung altetablierter, diskriminierender Dualismen (Nord / Süd, Mann / Frau) sehen (Simon-Kumar et al. 2017).

Zwar bringt »Nachhaltigkeit« als Diskurs und als gesellschaftliches Anliegen wichtige ethische Dimensionen in die Anschauung (Bewahrung ökologischer Ressourcen und Lebensformen, gerechte Reichtumsverteilung, nicht-diskriminierender Umgang miteinander etc.), bietet aber selbst keine Maßgabe, welche solcher Ansprüche in Kriterien überführt, wie diese zu gewichten und mittels welcher Maßnahmen dann für welche Dimension verbindlich zu erreichen sind.

Eine fundamentale Problematik besteht darin, dass die den normativen Ansprüchen zugrunde liegenden Wissens- und Wissenschaftskonzepte des

Nachhaltigkeitswissens selbst kaum auf Passfähigkeit und Brüche befragt wurden – die Passfähigkeit aber präfiguriert ihrerseits den Bereich, der als nachhaltig zu gestaltender angesehen, jeweils verschieden inter- oder transdisziplinär abgesteckt und in dieser Liminalität evaluiert wird.

Diese mangelnde Reflexion des Nachhaltigkeitswissens ist umso problematischer, als das Konzept der Nachhaltigkeit spezifische Dilemmata birgt, die aus inkommensurablen Zielen, Kriterien, Interessen und jeweils bemühten Wissensarten resultieren. Es handelt sich dabei etwa um eine Vielfalt der angesprochenen Zielsetzungen, Heterogenität der involvierten Wissensformen, Unterschiedlichkeit der beteiligten Akteure, Verortung zwischen den Polen der Normativität und Objektivität sowie der Wünschbarkeit und Machbarkeit, unterschiedliche Zeitpolitiken, wie sie sich schon in der statischen vs. dynamischen Begrifflichkeit von »Nachhaltigkeit« und »nachhaltiger Entwicklung« zeigen, implizite Basisentscheidungen zu technischen, ökonomischen und biologischen Instanzen von Erneuerbarkeit, Tragfähigkeit und Resilienz, den Stellenwert von Digitalisierungsstrategien und die Geltung von Simulationswissen inner- und außerhalb der Wissenschaften, und nicht zuletzt die differenten Evaluationskriterien zur Erfolgsbeurteilung transdisziplinärer Projekte.

Angesichts der skizzierten Ausgangslage stellt sich die Frage, welche Kriterien für die Beurteilung von Projekten, Themen und Initiativen als »nachhaltig« begründbar sind. Im Folgenden wird vor dem Hintergrund der Entwicklung des wissenschaftlichen Nachhaltigkeitsdiskurses (Abschnitt 2) eine Nachhaltigkeitsheuristik entworfen, die geeignet ist, Meta-Kriterien zur Nachhaltigkeitsreflexion zu entwickeln (Abschnitt 3). Diese müssen – ähnlich wie beim mehrstufigen Vorgehen in der medizinischen Diagnostik – notwendig topisch bleiben und sind damit strenggenommen keine Kriterien, sondern hermeneutische Grenzbestimmungen. Eine Zusammenfassung möglicher Lösungspotenziale ausgehend von der hier vorgeschlagenen Dilemmata-Perspektive schließt die Überlegungen ab (Abschnitt 4).

# 2 Entwicklung des wissenschaftlichen Nachhaltigkeitsdiskurses

Der Nachhaltigkeitsdiskurs zeichnet sich durch eine Ambivalenz zwischen wissenschaftlichem Wissen und gesellschaftlichen Anforderungen aus. Fragt man nach Kriterien zur Beurteilung von Nachhaltigkeit, so gilt es, eben diese Ambivalenz zu reflektieren. Dies macht erforderlich, die seit nunmehr fast hundert Jahren beforschten Problemlagen und Veränderungen der Wissensproduktion stärker als dies bislang der Fall war produktiv mit dem Nachhaltigkeitsdiskurs in Beziehung zu setzen. Um es vorwegzunehmen: Die aktuelle Debatte zwischen Uwe Schneidewind, Peter Strohschneider und anderen (Schneidewind und Singer-Brodowski 2014; Strohschneider 2014; Grunwald 2015; Schneidewind 2015), ob gesellschaftliche Belange notwendig in den Prozess wissenschaftlicher Erkenntnisproduktion einbezogen werden müssen, um fundamentale Problemlagen überhaupt thematisieren zu können, oder ob damit einer Politisierung der Wissenschaft Tür und Tor geöffnet werde, entspricht im Wesentlichen jener Schlüsselfrage, die ein Jahrhundert Wissensforschung markiert:

Zu Beginn des 20. Jahrhunderts entstehen mit der Wissenssoziologie und -philosophie Reflexionen zu Genese, Stellenwert und Gütekriterien unterschiedlicher Wissensarten. Insbesondere Karl Mannheim (Mannheim 1969) formuliert prominent die These von der sogenannten Standortgebundenheit des alltäglichen oder auch politischen Wissens. Von der Wissenssoziologie explizit unterschieden, befasst sich die Wissenschaftssoziologie etwa bei Robert Merton mit den institutionellen Rahmenbedingungen, unter denen ein auf objektives Wissen gerichteter Forschungsprozess möglich ist; die Wissenschaftsphilosophie mit dessen epistemischen Normen und Wahrheitsansprüchen. Als objektives Wissen gelten dabei empirisch bestätigte und logisch schlüssige Aussagen über Regelmäßigkeiten, die gemäß dem wissenschaftlichen Ethos erarbeitet werden (Wildavsky 1979; Merton 1985; Weingart 2003). Diese Sonderstellung wissenschaftlichen, vor allem naturwissenschaftlichen Wissens, wird nicht zuletzt vor dem Hintergrund ökologischer Gefährdung zunehmend angezweifelt. Das *strong programme* (Bloor 1976) postuliert, dass auch naturwissenschaftliches Wissen gemacht sei; die Laborstudien zeigen, dass und wie materielle und soziale Rahmenbedingungen die Herstellung naturwissenschaftlichen Wissens im Labor prägen (Knorr Cetina 1981; Latour und Woolgar 1986).

Während somit einerseits das wissenschaftliche Wissen »kulturalisiert« und damit anderen Wissensformen angeglichen wird, wird andererseits in nicht-wissenschaftlichen kulturellen Kontexten produziertes Wissen hinsichtlich seiner Verwertbarkeit normativ aufgewertet: Die These eines »*mode 2*« wissenschaftlicher Erkenntnisproduktion und damit einer *new production of knowledge* (Gibbons et al. 1994; Nowotny et al. 2001) reagiert auf den Umstand, dass auch in Unternehmen, think-tanks und Non-profit-Organisationen valides und für gesellschaftliche Entwicklung unabdingbares Wissen hergestellt wird (Guston 2001). Was, wie und von wem erforscht wird, ergibt sich erst in der gesamtgesellschaftlichen Zusammenschau (Wynne 1996; Jasanoff 2004). In dieser Gemengelage ist die Genese der transdisziplinären Forschung zu verorten, in der die Mitwirkung gesellschaftlicher Akteure im Wissensproduktionsprozess und damit eine Wissensintegration für sozial robustes Wissen (*socially robust knowledge*) (Nowotny 1999) und damit wirkliche Lösungsorientierung zentral ist (Maasen et al. 2006; Hirsch Hadorn et al. 2008).

Doch befinden wir uns damit, wie oben bereits angedeutet, eher noch am Anfang denn am Ende einer Debatte. Die Wissenschaftsforschung sowie die *science and technology studies* (STS) haben sich zwar als eigenständige Forschungsfelder etabliert, was ähnlich für die Transdisziplinaritätsforschung gilt, also die Forschung zu den wissenschaftlichen und forschungspraktischen Grundlagen eines transdisziplinären Forschungsansatzes (Balsiger 2005; Jahn et al. 2012). Wenngleich insbesondere nachhaltigkeitsbezogene Forschungsprogramme etwa des BMBF häufig den transdisziplinären Forschungsansatz als Fördervoraussetzung fordern (z. B. Sozial-ökologische Forschung), erfolgt die Produktion wissenschaftlichen Wissens nach wie vor weitgehend in disziplinären Bahnen, und der wissenschaftliche Nachwuchs bleibt vielfach auf eine disziplinäre Verortung für die akademische Karriere angewiesen (Gläser 2006). Hinsichtlich der Schlüsselfrage nach dem Verhältnis der Wissensformen fokussiert die Wissenschaftsforschung den wissenschaftlichen Erkenntnisprozess (auch inter- und transdisziplinär), die Wissensforschung darüber hinaus auch dessen gesellschaftliche Bedingtheit und Geltung. Der Nachhaltigkeitsdiskurs nähert sich der gleichen Schlüsselfrage von der anderen Seite, nämlich ausgehend von gesellschaftlichen Herausforderungen, die in die Wissenschaften gleichsam hineingetragen werden:

Die zentrale und diskursbegründende gesellschaftliche Herausforderung war ursprünglich bestimmt als drohende ökologische Selbstzerstörung, die zu verhindern sei (Carson 1962; Hardin 1968; Meadows et al. 1972). Doch vervielfältigten sich die Probleme mit dem Übergang zum erstrebenswerten Ziel einer nachhaltigen Entwicklung, d. h. mit ihrer Bejahung. Die strategische Ausrichtung, die sich mit dem Brundtland-Bericht und den darauf aufbauenden Dokumenten der UN-Konferenz in Rio de Janeiro etablierte, ist durch die Integration verschiedener Sachzusammenhänge (auch hinsichtlich vernetzter Krisenerscheinungen), umfassender akteurs- bzw. gruppenspezifischer Interessen und Bedürfnisse, globaler Besonderheiten sowie kurz- wie langfristiger Entwicklungszusammenhänge geprägt und verkoppelt mit einer inter- und intragenerativen Gerechtigkeitsidee (Brand und Jochum 2000, S. 21 ff.; Grunwald und Kopfmüller 2012, S. 18 ff.; Parris und Kates 2003; Kates et al. 2005).

Der zumeist positiv eingeschätzte Effekt dieses Verlaufs war eine Synchronisation unterschiedlicher Akteure und Interessen mit Blick auf die Zielsetzung einer nachhaltigen Entwicklung – der Preis dafür war jedoch eine Aufspaltung bzw. Zerstückelung der vormals angestrebten Ziele und ihrer Dimensionalität. Diese Gleichzeitigkeit von Integration und Aufspaltung prägte die weitere Entwicklung der wissenschaftlichen Nachhaltigkeitsdebatte und des gesellschaftlichen Nachhaltigkeitsdiskurses insgesamt. Dass hierbei die strategische Kopplung von sozialen, ökologischen und ökonomischen Fragen zu einem

Kernthema der Kontroversen wurde, geht für Deutschland unter anderem auf die Enquete-Kommission (13. Legislaturperiode) »Schutz des Menschen und der Umwelt« zurück, die ihren Abschlussbericht 1998 veröffentlichte. Im Anschluss an die UN-Konferenz von 1992 betonte der Bericht in Form dreier Säulen die ökologische, ökonomische und soziale Dimension des politischen Handlungsziels einer dauerhaften Sicherung menschlicher Existenz.

Das Dreisäulen- bzw. Dreiecksmodell sowie die generelle Frage der Integrierbarkeit der drei Dimensionen der Nachhaltigkeit (ökologisch, ökonomisch, sozial) sind auch Gegenstand der zunehmend wissenschaftlichen Auseinandersetzung mit Nachhaltigkeitsfragen geworden (Hauff und Kleine 2005; Kleine 2009). Die wissenschaftliche Diskussion um »sustainable development« bzw. »nachhaltige Entwicklung« ist einerseits durch Beiträge aus den »klassischen« Disziplinen wie der Wirtschaftswissenschaft, Bildungswissenschaft oder der Biologie und Geologie geprägt. Andererseits hat sich in diesem Kontext das neu entstandene Feld einer problem- bzw. anwendungsorientierten Nachhaltigkeitswissenschaft bzw. einer sog. transformativen Wissenschaft herausgebildet (Becker und Jahn 2000; Kates et al. 2000b; Becker und Jahn 2006; Schneidewind und Singer-Brodowski 2014; Matson et al. 2016). Es wurden Vorschläge für die mehrdimensionale Wahrnehmung und Bewertung, aber auch entsprechende Strategien der Gestaltung und Steuerung nachhaltigkeitsrelevanter Aspekte entwickelt. In diesem Zusammenhang steht auch die sozial-ökologische Forschung, die gesellschaftliche, ökologische und ökonomische Perspektiven für lösungsorientierte Strategien zum Umgang mit Nachhaltigkeitsproblemen zu verbinden sucht (Jahn und Sons 2001; Balzer und Wächter 2002; Luks und Siebenhüner 2007) und letztlich auf dem theoretischen Konzept der »Gesellschaftlichen Naturverhältnisse« (Jahn und Wehling 1998; Hummel et al. 2017) als Grundgedanke der Sozialen Ökologie (Jahn et al. 1987) basiert.

Insgesamt stellt sich die Nachhaltigkeitsdebatte als politisch induzierter, gesellschaftlicher Diskurs dar, zu dem aus verschiedenen wissenschaftlichen Disziplinen Beiträge geliefert werden. Der kleinste gemeinsame Nenner dieser unterschiedlichen Nachhaltigkeitsverständnisse bleibt die Definition des Brundtland-Reports, nach dem ein ausgeglichenes Verhältnis zwischen Ressourcenverbrauch und Ressourcenregeneration intergenerationell anzustreben sei. Da ein solch ausgeglichenes Verhältnis jedoch schon durch so unterschiedliche Transformationspfade wie absolute Verringerung des Verbrauchs oder Entwicklung effizienterer Technologie erreichbar ist, überrascht kaum, dass bei Einigkeit über die allgemeine Zielsetzung eine Vielfalt unterschiedlicher Ansätze der Nachhaltigkeitsbestimmung »bottom-up« bestehen (Brand und Jochum 2000; Becker und Jahn 2006; Henkel et al. 2018).

Abschließend sei bemerkt, dass unterschiedliche wissenschaftliche Disziplinen im Nachhaltigkeitsdiskurs und in der Bestimmung dessen, was als Nachhaltigkeit gefasst wird, in verschiedenem Maße involviert sind. Die Nachhaltigkeitswissenschaft entwickelte sich zunächst unmittelbar aus den naturwissenschaftlich geprägten Umweltwissenschaften heraus, was sich selbst an der entsprechenden Umbenennung von Lehrstühlen und Studiengängen ablesen lässt. Heute sind eher Wirtschafts- und Politikwissenschaften im wissenschaftlichen Diskurs, aber auch in der politikberatenden Umsetzung dominant, die beide sowohl zu Ansätzen Ökologischer Modernisierung als auch Postwachstumskonzepten beitragen. Die Bildung für nachhaltige Entwicklung geht eher von einer Verantwortung der einzelnen BürgerInnen zur Umsetzung von Nachhaltigkeitskonzepten verschiedener Couleur aus. Im naturwissenschaftlichen Bereich entstehen einerseits auf spezifische Nachhaltigkeitsthemen fokussierte Subdisziplinen, etwa die physikalische Windenergieforschung, andererseits auch große Forschungsverbünde wie die Biodiversitätsforschung. Die Soziologie hat einen maßgeblichen Anteil an der für die Nachhaltigkeitsforschung so grundlegenden Entwicklung des Ansatzes der Sozialen Ökologie gehabt, während die Philosophie bislang keinen spezifischen Zugriff auf Nachhaltigkeit entwickelt hat, aber mit ihren Expertisen zu Wissen, Gesellschaft, Natur oder Risiko wichtige Beiträge leisten kann (Karafyllis 2001; Henkel et al. 2017). Zudem sind spezifische Meta-Wissensfelder wie Technikfolgenabschätzung und Transdisziplinaritätsforschung entstanden, die sich zwar nicht als Disziplinen bezeichnen, wohl aber eine sich zunehmend auch institutionell über Zeitschriften und Lehrstühle konsolidierende *scientific community* bilden, in der SoziologInnen und PhilosophInnen maßgeblichen Anteil haben.

# 3 Auf dem Weg zu einem reflexiv-normativen Nachhaltigkeitsverständnis

Die Auseinandersetzung mit dem wissenschaftlichen Nachhaltigkeitsdiskurs macht deutlich, dass im Zuge seiner Entwicklung zwar die Legitimität des Ziels nachhaltiger Entwicklung gestärkt wurde, sich damit zugleich jedoch die Akteure, Zielsetzungen und Verständnisse von Nachhaltigkeit vervielfältigt haben. Das oben aus der Entwicklung der Wissensforschung heraus nachvollzogene Problem, dass wissenschaftliches Wissen als kulturell geformt gleichwertig mit anderen Wissensformen angesetzt wird, gerade diese Entwicklung aber wieder als disziplinäre Ausdifferenzierung erfolgt, verbindet sich in der Nachhaltigkeitsdebatte mit als dringlich wahrgenommenen gesellschaftlichen Problemstellungen. Es legt diese Konstellation die These nahe, dass solche Dilemmata von Disziplinarität und Transdisziplinarität, Zieldiversität und Akteurspluralität nicht aufgelöst, wohl aber auf einer Meta-Ebene reflektiert und von da aus operationalisiert werden können. Mit Bezug auf diese These wird im Folgenden zunächst ein analytisches Nachhaltigkeitsverständnis vorgeschlagen, von dem ausgehend nach Meta-Kriterien der Nachhaltigkeit gefragt werden kann. Diese Herangehensweise involviert ein Zurückstellen vorgängig normativer Kriterien zugunsten einer Normativität der Reflexion.

## Analytisches Nachhaltigkeitsverständnis als Ausgangspunkt

Im Laufe der letzten 150 Jahre hat sich wissenschaftliche Forschung in immer spezifischere wissenschaftliche Disziplinen ausdifferenziert. Diese Disziplinen verfügen über Theorien und Methoden, deren Anwendung in der Weiterentwicklung des disziplinspezifischen Wissens von der jeweiligen *scientific community* kontrolliert wird (Weingart 2003, S. 41 ff.). Gleichzeitig wird mit dem Gewahrwerden technikbedingter Risiken unübersehbar, das die Gesellschaft mit Herausforderungen konfrontiert ist, die nicht in derart differenzierten Disziplinen und auch nicht durch Addition von deren Wissen bearbeitet, geschweige denn bewältigt werden können. Das etablierte Verfahren, die Qualität wissenschaftlichen Wissens disziplinär zu prüfen, scheitert mithin an den Problemlagen der sogenannten *grand challenges* (Gibbons et al. 1994; ICSU 2010; Hackmann und St. Clair 2012; Wissenschaftsrat 2015). Hinzu kommt, dass nun auch die wissenschaftliche Erkenntnisproduktion selbst wissenschaftlich in den Blick genommen wurde und sich als keineswegs so rein und objektiv erwies, wie dies von der frühen Wissenschaftsforschung als Ideal postuliert wurde (Knorr Cetina 1984; Jasanoff 1990; Gupta et al. 2012). Vor diesem Hintergrund kann das Anliegen einer Transformation in Richtung Nachhaltigkeit als Anspruch verstanden werden, derartige immer schon vorhandene gesellschaftliche Einflussnahmen auf die wissenschaftliche Erkenntnisproduktion zu explizieren und zu demokratisieren.

Statt sich positiv-normativ auf ein bestimmtes Nachhaltigkeitskonzept oder gar eine Theorie der Nachhaltigkeit (Jahn 2012) zu beziehen, gilt es, den breiten Nachhaltigkeitsdiskurs mit seinen unterschiedlichen Bestimmungen und Facetten insgesamt in den Blick zu nehmen und daraus eine heuristische Topologie zu entwickeln. Diese Meta-Perspektive auf Nachhaltigkeit erfordert jedoch selbst Ausgangskriterien. Es bedarf daher eines präanalytischen Instrumentariums, das mit Blick auf empirische Phänomene plausibel ist und unterschiedliche solcher Phänomene übergreift. Diese methodologisch-hermeneutische

Herausforderung ist aus der historischen Begriffsgeschichte (Koselleck 1972) und als funktionale Analyse aus der Gesellschaftstheorie (Luhmann 1984; Schneider 2004; Henkel 2010; John 2010) bekannt, gilt es doch auch hier, Phänomene über die Gleichzeitigkeit von Identität und Wandel hinweg zu untersuchen. Mit der Wahl eines abstrakt-analytischen Verständnisses von Nachhaltigkeit wird damit zugleich eine diskurs- und gesellschaftstheoretische Perspektive (Luhmann 1980; Foucault 1991; Keller et al. 2001) gewählt, die sich mit Ansätzen der Projekt- und Evaluationsforschung verbindet.

Ein solches Vorverständnis von »Nachhaltigkeit« als verschiedene Bestimmungen übergreifende Heuristik ergibt sich aus der Zusammenschau der im Forschungsstand referierten Begriffe, Methoden und Entwicklungen. Der Vergleich macht deutlich, dass der Nachhaltigkeitsdebatte in all ihrer Heterogenität drei Prämissen gemeinsam sind. Es handelt sich dabei erstens um die Annahme eines gekoppelten Verhältnisses von Gesellschaft und Natur (Hummel et al. 2017) (wobei »Gesellschaft« als Begriff deren Subsysteme – etwa Wirtschaft, Wissenschaft oder Politik – mit beinhaltet), zweitens um die Prämisse einer anzunehmenden zeitlichen Entwicklung sowie drittens um die Annahme eines Transformationspotenzials durch Wissen (Henkel 2016).

Denn alle Nachhaltigkeitsverständnisse setzen implizit voraus, dass eine menschliche Gesellschaft sich in einer natürlichen Umwelt befindet, auf die sie zurückgreift, indem sie Ressourcen entnimmt, und in die sie hineinwirkt, indem solche Ressourcen nun fehlen oder Reproduktionsbedingungen verändert werden. Ebenso gehen alle Ansätze von einer zeitlichen Entwicklungsperspektive aus. So wird eine Dynamik des Ökologischen angenommen, die entnommene Ressourcen regeneriert, die in ihrer Entwicklung gestört werden kann und die einem positiven oder negativen Verlauf folgt. Zugleich wird auch eine dynamische Perspektive von Gesellschaft vorausgesetzt, indem sich technische Prioritäten, Verhaltensgewohnheiten und Bewertungen verändern können oder gar sollen, wie bereits im Begriff der Transformation deutlich wird. Selbst das Verhältnis zwischen Gesellschaft und Ökologie wird über Rückwirkungen dynamisch gedacht. Schließlich gehen alle Ansätze davon aus, dass Wissen für nachhaltige Entwicklung eine zentrale Ressource darstellt. Dabei werden zum Teil verschiedene Schwerpunkte gesetzt, etwa wissenschaftliches Wissen, indigenes Wissen, Prozesswissen oder Bildungswissen.

Mit diesem analytischen Nachhaltigkeitsverständnis ist vorgeschlagen, Nachhaltigkeit zu verstehen auf einer heuristisch-analytischen Meta-Ebene über denjenigen Annahmen, die in der Zusammenschau verschiedenen Nachhaltigkeitsverständnissen in all ihrer Unterschiedlichkeit inhärent sind und auf einer Kopplung von Gesellschaft, Natur und Wissen beruhen. Ausgehend von dieser präanalytischen Durchdringung gelingt es, zunächst unabhängig von einer normativen Bewertung nach Maßgaben zur Beurteilung des Nachhaltigkeitsanspruchs und der Güte seiner Umsetzung zu fragen. Dadurch wird Nachhaltigkeit als gesellschaftlicher Diskurs beobachtbar, in dem sich (wie in anderen Diskursen) unterschiedliche gesellschaftliche Zugriffe – insbesondere öffentliche, politische, wirtschaftliche und wissenschaftliche – aufeinander beziehen und darin eben jenen Diskurs erst hervorbringen. Eine analytische Heuristik von Nachhaltigkeit eröffnet somit Vergleichsmöglichkeiten auf der Ebene der Projekte, der Programme und der Wissensfelder.

## Meta-Kriterien für Nachhaltigkeit

Indem mit dieser analytischen Bestimmung von Nachhaltigkeit unterschiedliche inhaltliche Bestimmungen ermöglicht werden, gelingt es, zunächst unabhängig von einer normativen Bewertung nach Kriterien zur Beurteilung des Nachhaltigkeitsanspruchs und der Güte seiner Umsetzung zu fragen sowie zudem das vorgeschlagene analytische Nachhaltigkeitsverständnis selbst heuristisch als Topographie weiterzuentwickeln. Eine entsprechende Untersuchung konkret angewendeter Nachhaltigkeitskriterien und die Entwicklung von Meta-Kriterien zur Beurteilung von Nachhaltigkeit erfordern eine Annäherung von zwei Seiten. Zum einen ist eine empirische Untersuchung der Nachhaltigkeitsverständnisse und -dilemmata in übergeordneten Nachhaltigkeitsprogrammen und konkreten Nachhaltigkeitsprojekten vonnöten; zum anderen die vergleichende Reflexion von Nachhaltigkeit als Wissensfeld und von Wissensregulierung. Übergreifender Ausgangs- und Bezugspunkt sind spezifische Dilemmata der Nachhaltigkeit, die sich forschungsheuristisch aus dem Forschungsstand ergeben und die zu überprüfen, zu präzisieren und weiterzuentwickeln sind.

Erster Baustein zur Entwicklung von Meta-Kriterien der Nachhaltigkeit ist die Untersuchung der Evaluation von Nachhaltigkeitsprogrammen. Forschung und gesellschaftliche Transformation in Richtung Nachhaltigkeit erfolgen überwiegend in Form übergeordneter Programmförderung. Zur Entwicklung von Meta-Kriterien der Nachhaltigkeit gilt es daher, Förderrichtlinien von Nachhaltigkeitsprogrammen sowie zugehörige Evaluations- und Projektabschlussberichte zu analysieren (z. B. in Baden-Württemberg, NRW, Niedersachsen, der sozial-ökologischen Forschung und der FONA-Fördermaßnahmen des BMBF). Zu untersuchen ist, welches Nachhaltigkeitsverständnis die unterschiedlichen Institutionen bzw. Akteure zugrunde legen und wie Nachhaltigkeitsdilemmata in den Dokumenten operationalisiert werden (Dokumentenanalyse). Zudem ist auf der Steuerungsebene von Fördermittelgebern, Projektträgern sowie EvaluatorInnen von Nachhaltigkeitsprogrammen zu untersuchen, wie das Nachhaltigkeitsverständnis und die erlebten Dilemmata in der Praxis operationalisiert, verändert, verfolgt und umgesetzt werden (qualitative Analyse).

Parallel zur Untersuchung der Evaluation von Nachhaltigkeitsprojekten gilt es, Dilemmata und Konflikte in Nachhaltigkeitsprojekten selbst in den Blick zu nehmen, indem Projekte aus unterschiedlichen Förderprogrammen qualitativ untersucht werden. Dabei kann heuristisch von den oben genannten Programmen und Dilemmata ausgegangen und gefragt werden, wie mit diesen im jeweiligen Projektkontext umgegangen wird, wobei sich im Verlauf des Projekts die zunächst heuristisch angenommenen Dilemmata bestätigen, erweitern und verändern können. Zugleich wird untersucht, ob und, wenn ja, in welcher Weise sich diese Dilemmata manifestieren und/oder ob es noch andere gibt. Es geht darum, konkrete Fälle von Nachhaltigkeitswissenschaftspraxis auf die Konkretisierung ihrer Nachhaltigkeitsverständnisse und ihrer Transformationspotenziale in Gesellschaft und Wissenschaft hin zu untersuchen. Konkret soll es dabei um die projekt-praktischen Erfahrungen mit der Anwendung bestehender Qualitätskriterien und Leitfäden einerseits und konkreter Evaluationserfahrungen aus Projektsicht im Rahmen verschiedener Förderprogramme andererseits gehen. Es kann so herausgefunden werden, welche Methodologien und Praktiken die transdisziplinäre Forschung bereits entwickelt hat, um »echte« transdisziplinäre Nachhaltigkeitsforschung zu markieren, welche Erfahrungen damit gesammelt wurden und wo Entwicklungsnotwendigkeiten und Transferpotenziale bestehen.

Eine solche empirische Untersuchung von Dilemmata der Nachhaltigkeit in Programmen und Projekten ist parallel zu setzen mit einer Reflexion von Nachhaltigkeit als Wissensfeld. Es gilt, mit den Mitteln der Wissenschaftsphilosophie und der STS Wechselwirkungen zwischen epistemischen Anpassungsprozessen und gesellschaftlichen Aushandlungsprozessen zur Konfiguration des jeweiligen Wissensobjekts in Nachhaltigkeitsfeldern wie Landwirtschaft, Biodiversität oder Bioenergie zu untersuchen, auch im Hinblick auf deren aktuelle Transformation durch Förderprogramme und -projekte zur Bioökonomie. Dabei interessiert der Zusammenhang von epistemischen Normen erster Stufe (z. B. Anforderungen der Konsistenz, Kohärenz oder Evidenz) und zweiter Stufe (z. B. Priorität des Wissens gegenüber bloßem Meinen). Ferner ist zu untersuchen, wie bei den Aushandlungsprozessen gefundene Ursachen bisweilen unreflektiert in Gründe (z. B. für politisches Handeln) überführt werden, womit neue Kausalketten zur Relevanz des Nachhaltigkeitswissens entstehen. Eine besondere Rolle für die zu analysierenden Transformationen kommt hochtechnisierten Forschungsinfrastrukturen wie Datenbanken und Biobanken zu, die die Konfigurationen des Wissens zwischen Virtualität und Materialität verhandelbar machen (Karafyllis 2018). Die Erforschung der epistem(olog) ischen Konfigurationen leistet eine reflektierende Durchdringung derjenigen Wissenschaften, die sich als Nachhaltigkeitswissenschaften verstehen und sich aktuell in transdisziplinären Forschungsfeldern organisieren.

Ebenfalls auf der Ebene der Reflexion gilt es schließlich, Regulierungswissen in gesellschaftstheoretischer Perspektive zu untersuchen. Analysiert wird hier, wie sich Dilemmata der Nachhaltigkeit im Verhältnis von Wissenschaft und Politik bzw. gesellschaftlichen Anliegen wandeln und welche Wege zur Bearbeitung solcher Dilemmata jeweils bestehen. Dem liegt die gesellschaftstheoretische Überlegung zugrunde, dass Wissen immer schon einer gewissen, verfahrensmäßig garantierten Güte bedarf und potenziell mit Machtansprüchen verbunden ist. Hier wird gesellschaftstheoretisch untersucht, wie mit einem Wandel der Art der Wissensproduktion die Anforderungen und Formen der Wissensregulierung sich verändern und welche Mechanismen sowie Machtansprüche in der Wissensregulierung wirken. Vor dem Hintergrund eines historisch-genealogischen Vergleichs werden insbesondere nachhaltigkeitsbezogene Instrumente wie partizipative Verfahren oder transdisziplinäre Forschungsdesigns auf das Verhältnis von Wissensform und Regulierungswissen hinterfragt.

Der vorgeschlagene Ansatz bedeutet also ausgehend von der hier angenommenen genuin dilemmatischen Ausgangskonstellation der Nachhaltigkeit gerade nicht, selbst normativ Kriterien für Nachhaltigkeit zu setzen oder ausgehend von einem als gegeben angenommenen Nachhaltigkeitsverständnis Programme und Projekte hinsichtlich ihrer »Nachhaltigkeitsperformance« zu evaluieren. Stattdessen geht es – ausgehend von subjektiven Nachhaltigkeitsverständnissen beteiligter Akteure und Institutionen, den spezifischen Dilemmata der Nachhaltigkeit, einer Reflexion von Kriterien in Nachhaltigkeitsprogrammen und -projekten sowie einer Analyse des Verhältnisses von Wissenschaft und Gesellschaft – darum, empirisch und theoretisch begründete Meta-Kriterien für Nachhaltigkeit zu generieren, die dann für die Beurteilung der Evaluationskriterien selbst in Frage kommen.

Damit ist es möglich, einen Beitrag zur wissenschaftlichen sowie gesellschaftlichen Verortung des Nachhaltigkeitsdiskurses zu leisten und auf dieser Grundlage fundiertes Orientierungswissen sowie konkrete Vorschläge für die Entwicklung von Evaluationsmaßstäben von Nachhaltigkeitsprogrammen, -projekten und -forschungszusammenhängen zu liefern (zur Unterscheidung von System-, Ziel- und Transformationswissen vgl. Hirsch Hadorn et al. 2008 S. 32 ff.). Es können dann auf dieser Grundlage Leitlinien zur Beurteilung von Nachhaltigkeit expliziert werden, die sowohl eine wissenschaftliche als auch praktische Verständigung über wissenschaftliche Disziplinen und gesellschaftliche Stakeholder hinweg schärfen.

# 4 Dilemmata der Nachhaltigkeit – Lösungspotenziale

Wie ausgeführt haben sich mit der Etablierung des Nachhaltigkeitsdiskurses unterschiedliche Vorstellungen, Zielsetzungen und Wissensformen entwickelt, die mit diesem Begriff belegt werden. Gleichzeitig haben Wirkungsanalysen wiederholt gezeigt, dass trotz umfassender struktureller Eingriffe und erheblicher Kosten die angestrebten Nachhaltigkeitsziele nur unvollkommen, in anderer Form oder gar nicht erreicht wurden (etwa Meyer-Abich 2001; Binas 2006; Lange 2008; Reißig 2009; Enders und Reming 2012; Servatius 2012).

Der hier skizzierte Ansatz, eine Dilemmata-Perspektive auf Nachhaltigkeit zu gewinnen, ist daher zunächst für die Evaluationsforschung wie auch die evaluatorische Praxis im Bereich Nachhaltigkeit relevant. Denn Unsicherheiten bei der Einschätzung der Wirkung von Interventionen resultieren vor allem daraus, dass angesichts der heterogenen Nachhaltigkeitskonzeptionen und Formen von Nachhaltigkeitswissen unklar bleibt, welche Kriterien für die Auswahl von Evaluations- oder Bewertungskriterien angelegt werden können und sollen – und gerade durch diese Unklarheit die Auswahl der Kriterien selbst zum

Teil einer Auseinandersetzung über das »richtige« Nachhaltigkeitsverständnis wird.

Daran anknüpfend sind relevante Anwendungsmöglichkeiten für die zukünftige Konzeptualisierung der Nachhaltigkeit selbst zu erwarten, auch jenseits des deutschen Bezugrahmens. Nachhaltigkeitswissen gilt es im Sinne internationaler Wissensforschung in seinen gesellschaftlichen Bedingtheiten zu analysieren und, im Sinne der Wissenschaftsforschung, in seinen interdisziplinären Wechselwirkungen und Transformationen zu untersuchen, um für praktische Entscheidungen im Bereich von Politik, Evaluation, Forschungsförderung und gesellschaftlicher Transformation valide Ausgangspunkte zu finden. Dabei ist ein Zusammenwirken unterschiedlicher Disziplinen, insbesondere der Soziologie, Philosophie, Ökonomie und Bildungswissenschaft, erforderlich, um übergreifende Maßstäbe zu gewinnen. Ziel muss es sein, durch eine transdisziplinäre Reflexion von Prämissen und damit verbundenen Bewertungskriterien zugehörige Debatten *als* Debatten sichtbar zu machen, inhaltlich-strukturell zu analysieren und Meta-Kriterien für die Beurteilung der eben nur scheinbar »selbstverständlichen« Nachhaltigkeit zu entwickeln. Durch die Einbindung einer Dilemmata-Perspektive auf Nachhaltigkeit in die noch junge Transdisziplinaritätsforschung (Balsiger 2005; Bergmann/Schramm 2008) können auch Einsichten in neue Problemstellungen und mit Bezug auf andere Wissensfelder gewonnen werden (z. B. Gender-Wissen), die etwa zur Entwicklung von Evaluationsverfahren nützlich sind. Schließlich eröffnet die Anbindung einer Dilemmata-Perspektive auf Nachhaltigkeit an die Governanceforschung die Chance, die Rolle der Nachhaltigkeitsforschung und der in ihr engagierten Akteure in gesellschaftlichen Entscheidungs- und Umsetzungsprozessen zu erhellen.

Mit einer Dilemmata-Perspektive auf Nachhaltigkeit gilt es, reflexiv über bisherige Ansätze zur Konzeptualisierung und Evaluation von nachhaltigkeitsbezogener und transdisziplinärer Forschung hinauszugehen: Seit den 2000er-Jahren werden Forschungsprogramme und Entwicklungsvorhaben zur

Nachhaltigkeit im deutschsprachigen Raum regelmäßig extern wissenschaftlich evaluiert. Solche Evaluationen stehen vor der zentralen Herausforderung, dass herkömmliche Qualitätskriterien wissenschaftlicher Forschung – wie Fachpublikationen und disziplinäre Grundlagenforschung – für eine Nachhaltigkeitswissenschaft (Kates et al. 2000a) oder allgemein transdisziplinäre Forschung (u. a. Lang et al. 2012) zu kurz greifen. Im Umgang mit dieser Problematik wurden auf normativen Anforderungen und empirischen Erfahrungen in der jeweiligen Forschungspraxis basierende Kriterien erarbeitet. Diese nehmen die Perspektive gesellschaftlicher Anspruchsgruppen, die Wissensintegration durch die gewählten Forschungsdesigns und die konkreten Lösungsbeiträge in den Blick (Bergmann et al. 2005). Allerdings handelt es sich dabei bislang um Kriterien für eine diskursive, formative (Selbst-)Evaluation transdisziplinärer Forschungsprojekte, die nicht auf die potenziell heterogenen und jeweils für sich normativen Nachhaltigkeitsverständnisse dieser Projekte reflektieren, während andere Untersuchungen sich mit wissenschaftstheoretischen und definitorischen Fragen von Transdisziplinarität (Jahn et al. 2012) oder mit Kriterien für die Politikwirksamkeit (transdisziplinärer) Nachhaltigkeitsforschung befasst haben (Jahn und Keil 2015).

Wählt man eine reflexive Perspektive, so kann die lange Tradition der Evaluationsforschung im Bildungs- und Sozialbereich (Rossi et al. 1988; Newman et al. 1995; Kirckpatrick und Kirckpatrick 2006) und ihr Fokus auf die Evaluation von Bildungs- und Sozialprogrammen (Wulf 1972; Stufflebeam 2001; Stufflebeam und Coryn 2014) für die Analyse des Nachhaltigkeitsdiskurses fruchtbar gemacht werden. Dies gilt umso mehr, als der Evaluationsdiskurs in den 1990er/2000er-Jahren enorm an Bedeutung gewonnen hat (Stockmann 1992; Grohmann 1997; Heiner 1999; Bortz und Döring 2006; Stockmann und Meyer 2014; Speck 2016) sowie zunehmend wissenschaftskritische Reflexionen zur Nachhaltigkeitspraxis und zum Nachhaltigkeitsdiskurs in unterschiedlichen Disziplinen (Caspari 2004; Mumm 2016) und auf die gesellschaftliche Praxis der Evaluation vorliegen (Brunsson und Jacobsson 2000; Bergmann und Jahn 2008).

Ebenso kann die Forschung zur Wissensregulierung zur tieferen Durchdringung des Nachhaltigkeitsdiskurses beitragen. Hier zeigt sich, dass Herrschaftswissen traditionell reguliert wird und sich parallel mit dem naturwissenschaftlich-technischen Wissen seit Mitte des 18. Jahrhunderts auch die Wissensregulierung weiterentwickelt. Während Wissensregulierung lange Zeit vor allem über die Regulierung von Berufsrollen und die Beschäftigung von »Experten« in der politischen Administration erfolgte, entstehen mit den in den 1970er-Jahren offenbar werdenden Risiken technisch-wissenschaftlicher Entwicklung auch neue, reflexive Instrumente der Wissensregulierung (Mayntz 2006; Schuppert und Voßkuhle 2008; Bora et al. 2014). Zentrales Paradoxon dieser neuen Wissensregulierung ist, dass die Regulierung auf das Wissen, das sie reguliert, zurückgreifen muss, um dieses regulieren zu können (Bora 2002).

Indem sich empirische Perspektiven mit einer reflexiven Perspektive verbinden, gelingt es, den Nachhaltigkeitsdiskurs gerade vor dem Hintergrund und im Vergleich mit anderen thematischen Diskursen präziser zu fassen, seine spezifischen Dilemmata zu explizieren und auf dieser Grundlage Meta-Kriterien zur Beurteilung von Nachhaltigkeit und deren Evaluation zu entwickeln.

Nachhaltigkeit hat sich als wissenschaftlicher Diskurs, als Teilbereich in einzelnen Disziplinen und als teilweise eigenständiges wissenschaftliches Diskursfeld etabliert, etwa als transdisziplinäre Forschung. Parallel zu dieser Entwicklung haben sich implizite Nachhaltigkeitsverständnisse quasi eingerichtet, die sich zum Teil je nach quasi-disziplinärer Selbstverortung unterscheiden. Die wissenschaftliche Herausforderung besteht entsprechend darin, diese Heterogenität zugleich zuzulassen und auf dieser Grundlage deren systematische Herausforderungen zu kartieren. Ein analytisch-topologisches – statt kategoriales und selbst bereits inhaltliches – Verständnis von Nachhaltigkeit im hier skizzierten Dilemmata-Ansatz kann dazu beitragen, heterogene Diskussionen auf ihre Gemeinsamkeiten und Unterschiede hin zu reflektieren. Dies leistet einen Beitrag dazu, Nachhaltigkeit selbst als wissenschaftlichen Diskurs zu verorten und konzeptuell zu schärfen.

Im Dilemmata-Ansatz der Nachhaltigkeit liegt mithin ein Lösungspotenzial mit Blick auf gesellschaftliche Herausforderungen. Der Nachhaltigkeitsdiskurs involviert homogene wie heterogene und widersprüchliche Zielsetzungen. Nachhaltigkeitsprojekte mit unterschiedlichen Schwerpunkten werden daher seit knapp zwei Jahrzehnten von unterschiedlichen Mittelgebern gefördert. Eine zentrale gesellschaftliche Herausforderung besteht entsprechend darin, reflektierte Kriterien zur Evaluation solcher Projekte anzulegen.

## Literatur

Balsiger, P. (2005): Transdizsiplinarität. Systematisch-vergleichende Untersuchung disziplinenübergreifender Wissenschaftspraxis. München: Fink.

Balzer, I./Wächter, M. (Hrsg.) (2002): Sozial-ökologische Forschung – Ergebnisse der Sondierungsprojekte aus dem BMBF-Förderschwerpunkt. München: Oekom.

Becker, E./Jahn, T. (2000): Sozial-ökologische Transformationen. Theoretische und methodische Probleme transdisziplinärer Nachhaltigkeitsforschung, S. 68–84, in K.-W. Brand (Hrsg.), Nachhaltige Entwicklung und Transdisziplinarität. Berlin: Analytica.

Becker, E./Jahn, T. (Hrsg.) (2006): Soziale Ökologie: Grundzüge einer Wissenschaft von den gesellschaftlichen Naturverhältnissen. Frankfurt am Main: Campus.

Bergmann, M./Brohmann, B./Hofmann, E./Loibl, M.C./Rehaag, R./Schramm, E./Voß, J.-P. (2005): Qualitätskriterien transdisziplinärer Forschung. Ein Leitfaden für die formative Evaluation von Forschungsprojekten. ISOE-Studientexte, 13. Frankfurt am Main: ISOE – Institut für sozial-ökologische Forschung.

Bergmann, M./Jahn, T. (2008): Intendierte Lerneffekte: Formative Evaluation inter- und transdisziplinärer Forschung, S. 222–247, in H. Matthies/D. Simon (Hrsg.), Wissenschaft unter Beobachtung. Effekte und Defekte von Evaluationen. Leviathan. Zeitschrift für Sozialwissenschaft, Sonderheft 24/2007. Wiesbaden: VS Verlag.

Bergmann, M./Schramm, E. (2008): Transdisziplinäre Forschung. Integrative Forschungsprozesse verstehen und bewerten. Frankfurt am Main: Campus.

Binas, E. (Hrsg.) (2006): Hypertransformation. Internationale Tagung zur interdisziplinären Transformationsforschung. Görlitz 2006. Frankfurt.

Bloor, D. (1976): The Strong Programme in the Sociology of Knowledge, S. 1–19 in D. Bloor (Hrsg.), Knowledge and Social Imagery. London: Routledge.

Bonneuil, C./Fressoz, J.-B. (2016): The Shock of the Anthropocene: The Earth, History and Us. London: Verso.

Bora, A. (2002): Ökologie der Kontrolle. Technikregulierung unter der Bedingung von Nicht-Wissen, S. 254–273, in C. Engel/J. Halfmann/M. Schulte (Hrsg.), Wissen – Nichtwissen – Unsicheres Wissen. Baden-Baden: Nomos Verlagsgesellschaft.

Bora, A./Henkel, A./Reinhardt, C. (Hrsg.) (2014): Wissensregulierung und Regulierungswissen. Weilerswist: Velbrück.

Bortz, J./Döring, N. (2006): Forschungsmethoden und Evaluation für Human- und Sozialwissenschaftler. Heidelberg: Springer Medizin Verlag.

Brand, K.-W./Jochum, G. (2000): Der deutsche Diskurs zu nachhaltiger Entwicklung. München: Mps-Texte 1/2000.

Brunsson, N./Jacobsson, B. (2000): A World of Standards. Oxford: Oxford University Press.

Carson, R. (1962): Silent Spring. Boston.

Caspari, A. (2004): Evaluation der Nachhaltigkeit von Entwicklungszusammenarbeit: Zur Notwendigkeit angemessener Konzepte und Methoden. Wiesbaden: VS-Verlag.

Enders, J./Reming, M. (2012): Perspektiven nachhaltiger Entwicklung. Theorien am Scheideweg. Marburg.

Foucault, M. (1991): Die Ordnung des Diskurses. München: Fischer.

Gibbons, M./Limoges, C./Nowotny, H./Schartzman, S./Scott, P./Trow, M. (1994): The New Production of Knowledge. The Dynamics of Science and Research in Contemporary Societies. London: Sage.

Gläser, J. (2006): Wissenschaftliche Produktionsgemeinschaften. Die soziale Ordnung der Forschung. Frankfurt am Main: Campus.

Grohmann, R. (1997): Das Problem der Evaluation in der Sozialpädagogik. Frankfurt am Main: Peter Lang.

Grunwald, A. (2015): Transformative Wissenschaft – eine neue Ordnung im Wissenschaftsbetrieb? GAIA 24(1): S. 17–20.

Grunwald, A./Kopfmüller, J. (2012): Nachhaltigkeit: Eine Einführung. Frankfurt am Main: Campus.

Gupta, A./Andrsen, S./Siebenhüner, B./Biermann, F. (2012): Science Networks, S. 69–93 in F. Biermann/P. Pattberg (Hrsg.), Global Environmental Governance Reconsidered. Cambridge: MIT Press.

Guston, D. H. (2001): Boundary Organizations in Environmental Policy and Science: An Introduction. Science, Technology & Human Values 26: S. 399–408.

Hackmann, H./St. Clair, A.L. (2012): Transformative Cornerstones of Social Science Research for Global Change. Report of the International Social Science Council. Paris.

Hardin, G. (1968): The Tragedy of the Commons. Science, New Series 162(3859): S. 1243–1248.

Hauff, M./Kleine, A. (2005): Methodischer Ansatz zur Systematisierung von Handlungsfeldern und Indikatoren einer Nachhaltigkeitsstrategie – Das Integrierende Nachhaltigkeits-Dreieck. (Volkswirtschaftliche Diskussionsbeiträge).

Hauff, V. (Hrsg.) (1987): Unsere Gemeinsame Zukunft. Der Brundtland-Bericht der Weltkommission für Umwelt und Entwicklung. Greven: Eggenkamp.

Heiner, M. (1999): Qualitätsentwicklung durch Evaluation, S. 63–88, in F. Peterander/O. Speck (Hrsg.), Qualitätsmanagement in sozialen Einrichtungen. München und Basel: Ernst Reinhardt Verlag.

Henkel, A. (2010): Systemtheoretische Methodologie: Beobachtung mit Systemreferenz Gesellschaft, S. 182–202, in R. John/A. Henkel/J. Rückert-John (Hrsg.), Die Methodologien des Systems. Wie kommt man zum Fall und wie dahinter? Wiesbaden: VS Verlag für Sozialwissenschaft.

Henkel, A. (2016): Natur, Wandel, Wissen. Beiträge der Soziologie zur Debatte um nachhaltige Entwicklung. SuN Soziologie und Nachhaltigkeit – Beiträge zur sozial-ökologischen Transformationsforschung 01(2): S. 1–23.

Henkel, A./Böschen, S./Drews, N./Firnenburg, L./Görgen, B./Grundmann, M./Lüdtke, N./Pfister, T./Rödder, S./Wendt, B. (2017): Soziologie der Nachhaltigkeit – Herausforderungen und Perspektiven. Soziologie und Nachhaltigkeit in Vorbereitung.

Henkel, A./Lüdtke, N./Buschmann, N./Hochmann, L. (Hrsg.) (2018): Reflexive Responsibilisierung. Verantwortung für nachhaltige Entwicklung. Bielefeld: transcript.

Hirsch Hadorn, G./Biber-Klemm, S./Grossenbacher-Mansuy, W./Hoffmann-Riem, H./Joye, D./Pohl, C./Wiesmann, U./Zemp, E. (2008): Emergence of Transdisciplinarity as a Form of Research, S. 19–39 in G. Hirsch Hadorn/H. Hoffmann-Riem/S. Biber-Klemm/W. Grossenbacher-Mansuy/D. Joye/C. Pohl/U. Wiesmann/E. Zemp (Hrsg.), Handbook of Transdisciplinary Research. Springer.

Hirsch Hadorn, G./Hoffmann-Riem, H./Biber-Klemm, S./Grossenbacher-Mansuy, W./Joye, D./Pohl, C./Wiesmann, U./Zempt, E. (2008): Handbook of Transdisciplinary Research. Berlin: Springer.

Hummel, D./Jahn, T./Keil, F./Liehr, S./Stieß, I. (2017): Social Ecology as Critical, Transdisciplinary Science – Conceptualizing, Analyzing and Shaping Societal Relations to Nature. Sustainability 9(7): 1050.

Icsu (2010): Earth System Science for Global Sustainability: The Grand Challenges. Paris: International Council for Science.

Jahn, T. (2012): Theorie(n) der Nachhaltigkeit? Überlegungen zum Grundverständnis einer »Nachhaltigkeitswissenschaft«, S. 47–64, in J.C. Enders/M. Remig (Hrsg.), Perspektiven nachhaltiger Entwicklung. Theorien am Scheideweg. Beiträge zur sozialwissenschaftlichen Nachhaltigkeitsforschung. Marburg: Metropolis Verlag.

Jahn, T./Bergmann, M./Keil, F. (2012): Transdisciplinarity: Between mainstreaming and marginalization. Ecological Economics 79: S. 1–10.

Jahn, T./Keil, F. (2015): An actor-specific guideline for quality assurance in transdisciplinary research. Futures (65): S. 195–208.

Jahn, T./Kluge, T./Reusswig, F./Scharping, M./Scheich, E./Schultz, I./Willführ, C. (1987): Soziale Ökologie. Gutachten zur Förderung der sozial-ökologischen Forschung in Hessen. Erstellt im Auftrag der Hessischen Landesregierung. Frankfurt am Main.

Jahn, T./Sons, E. (2001): Der neue Förderschwerpunkt »sozial-ökologische Forschung« des BMBF. TA-Datenbank-Nachrichten 4: S. 90–97.

Jahn, T./Wehling, P. (1998): Gesellschaftliche Naturverhältnisse – Konturen eines theoretischen Konzepts, S. 75–93, in K.-W. Brand (Hrsg.), Soziologie und Natur. Theroretische Perspektiven. Soziologie und Ökologie. Opladen: Leske und Budrich.

Jasanoff, S. (1990): Peer Review and Regulatory Science, S. 61–83, in S. Jasanoff (Hrsg.), The Fifth Branch. Science Advisers as Policymakers. Cambridge, Massachusetts: Harvard University Press.

Jasanoff, S. (Hrsg.) (2004): States of Knowledge. The co-production of science and social order. London/New York: Routledge.

John, R. (2010): Funktionale Analyse – Erinnerungen an eine Metodologie zwischen Fixierung und Überraschung, S. 29–54, in R. John/A. Henkel/J. Rückert-John (Hrsg.), Die Methodologien des Systems. Wie kommt man zum Fall und wie dahinter? Wiesbaden: VS Verlag für Sozialwissenschaften.

Karafyllis, N. C. (2001): Biologisch, natürlich, nachhaltig. Philosophische Aspekte des Naturzugangs im 21. Jahrhundert. Tübingen: Francke.

Karafyllis, N. C. (2018): Theorien der Lebendsammlung. Pflanzen, Mikroben und Tiere als Biofakte in Genbanken. Freiburg: Alber.

Kates, R./Clark, W./Hall, M./Jaeger, C./Lowe, I./Mccarthy, J./Schnellhuber, H./Bolin, B./Dickson, N./Faucheux, S./Gallopin, G./Grübler, A./Huntley, B./Jäger, J./Jodha, N./Kasperson, R./Mabogunje, A./Matson, P./Mooney, H./Moore, B./O'ridion, T./Svedin, U. (2000a): Sustainable Science. Science 292(5517): S. 641–642.

Kates, R. W./Parris, T. M./Leiserowitz, A. A. (2005): What is sustainable development? Goals, indicators, values and practice. Environment 47 (8-21).

Keller, R./Hirseland, A./Schneider, W./Viehöver, W. (2001): Handbuch sozialwissenschaftliche Diskursanalyse. Band I: Theorien und Methoden. Opladen: Leske+Budrich.

Kirckpatrick, D./Kirckpatrick, J. (2006): Evaluating training programs. The four levels. San Francisco: Mcgraw-Hill Professional.

Kleine, A. (2009): Operationalisierung einer Nachhaltigkeitsstrategie: Ökologie, Ökonomie und Soziales integrieren. Wiesbaden: Gabler.

Knorr Cetina, K. (1981): The Manufacture of Knowledge. An Essay on the Constructivist and Contextual Nature of Science. Oxford: Pergamon Press.

Knorr Cetina, K. (1984): Die Fabrikation von Erkenntnis. Zur Anthropologie der Naturwissenschaften. Frankfurt am Main: Suhrkamp.

Koehler, G. (2016): Tapping the Sustainable Development Goals for progressive gender equity and equality policy? Gender & Development 24: S. 53–68.

Koselleck, R. (1972): Einleitung S. in O. Brunner/W. Conze/R. Koselleck (Hrsg.), Geschichtliche Grundbegriffe. Historisches Lexikon zur politisch-sozialen Sprache in Deutschland. Stuttgart: Klett.

Lang, D.J./Wiek, A./Bergmann, M./Stauffacher, M./Martens, P./Mol, P./Swilling, M./Thomas, C.J. (2012): Transdisciplinary research in sustainability science: practice, principles, and challenges. Sustainability Science 7: S. 25–43.

Lange, H. (2008): Nachhaltigkeit als radikaler Wandel. Die Quadratur des Kreises? Wiesbaden.

Latour, B./Woolgar, S. (1986): Laboratory Life. The Construction of Scientific Facts. Princeton, New Jersey: Princeton University Press.

Luhmann, N. (1980): Gesellschaftsstruktur und Semantik. Studien zur Wissenssoziologie der modernen Gesellschaft. Frankfurt am Main: Suhrkamp.

Luhmann, N. (1984): Funktionale Methode und Systemtheorie, S. 31–53, in Soziologische Aufklärung Band 1. Opladen: Westdeutscher Verlag.

Luks, F./Siebenhüner, B. (2007): Transdisciplinarity for Social Learning? The Contribution of the German Socio-Ecological Research Initiative to Sustainability Governance. Ecological Economics 63 (S. 418–426).

Maasen, S./Lengwiler, M./Guggenheim, M. (2006): Practices of Transdisciplinary Research: Close(r) Encounters of Science and Society. Introduction to Science & Public Policy Special Issue on Transdisciplinarity. Science & Public Policy 33(6): S. 394–398.

Mannheim, K. (1969): Ideologie und Utopie. Frankfurt: Schulte-Bulmke.

Matson, P./Clark, W.C./Andersson, K. (2016): Pursuing sustainability: A guide to the science and practice. Princeton: Princeton University Press.

Mayntz, R. (2006): Governance Theorie als fortentwickelte Steuerungstheorie? S. 43–60, in G.F. Schuppert (Hrsg.), Governance-Forschung. Vergewisserung über Stand und Entwicklungslinien. Baden-Baden: Nomos.

Meadows, D./Meadows, D./Zahn, E. (1972): Limits to Growth – A Report for the Club of Rome's Project on the Predicament of Mankind. London.

Merton, R. (1985): Entwicklung und Wandel von Forschungsinteressen. Aufsätze zur Wissenschaftssoziologie. Frankfurt am Main: Suhrkamp.

Meyer-Abich, K. M. (2001): Nachhaltigkeit – ein kulturelles, bisher aber chancenloses Wirtschaftsziel. Zeitschrift für Wirtschafts- und Unternehmensethik (zfwu) 2(3): S. 291–314.

Mumm, G. (2016): Die deutsche Nachhaltigkeitsstrategie: Grundlagen – Evaluationen – Empfehlungen. Wiesbaden: Springer.

Newman, D./Scheirer, M. A./Shadish, W./Wye, C. (1995): Guiding Principles for Evaluators. Version of the American Evaluation Association. Task force on Guiding principles for Evaluators. New Directions for program evaluation 66: S. 19–26.

Nowotny, H. (1999): The Need for Socially Robust Knowledge. TA-Datenbank-Nachrichten (3/4): S. 12–16.

Nowotny, H./Scott, P./Gibbons, M. (2001): Re-Thinking Science. Knowledge and the Public in an Age of Uncertainty. Cambridge: Polity Press.

Parris, T. M./Kates, R. W. (2003): Characterizing and Measuring Sustainable Development. Annual Review of Environment and Resources 28 (13): S. 11–13.

Pfister, T./Schweighofer, M./Reichel, A. (2016): Sustainability. London: Routledge.

Reißig, R. (2009): Gesellschafts-Transformation im 21. Jahrhundert. Ein neues Konzept sozialen Wandels. Wiesbaden.

Rossi, P./Freemann, H./Hofmann, G. (1988): Programm-Evaluation: Einführung in die Methoden angewandter Sozialforschung. Stuttgart: Enke.

Schneider, W. L. (2004): Grundlagen der soziologischen Theorie. Band 3: Sinnverstehen und Intersubjektivität. Hermeneutik, funktionale Analyse, Konversationsanalyse und Systemtheorie. Wiesbaden: VS Verlag für Sozialwissenschaften.

Schneidewind, U. (2015): Transformative Wissenschaft – Motor für gute Wissenschaft und lebendige Demokratie. Reaktion auf Armin Grunwald. GAIA 24 (2): S. 88–91.

Schneidewind, U./Singer-Brodowski, M. (2014): Transformative Wissenschaft. Klimawandel im deutschen Wissenschafts- und Hochschulsystem. Marburg: Metropolis.

Schuppert, G. F./Voßkuhle, A. (2008): Governance von und durch Wissen. Baden-Baden: Nomos.

Servatius (Hrsg.) (2012): Smart Energy. Wandel zu einem nachhaltigen Energiesystem. Heidelberg.

Simon-Kumar, R./Macbride-Stewart, S./Baker, S./Patnaik Saxena, L. (2017): Towards North-South Interconnectedness: a Critique of Gender Dualistics in Sustainable Development, the Environment and Women's Health. Gender, Work and Organization. Online first 4 Aug. 2017, doi: 10.1111/gwao.12193.

Speck, K. (2016): Programm-, Prozess- und Produktevaluation, S. 83–104, in C. Griese/H. Marburger/T. Müller (Hrsg.), Bildungs- und Bildungsorganisationsevaluation – Ein Lehrbuch. Berlin/Bosten: Oldenbourg, De Gruyter.

Stevens, C./Kanie, N. (2016): The transformative potential of the Sustainable Development Goals (SDGs). International Environmental Agreements: Politics, Law and Economics 16: S. 393–396.

Stockmann, R. (1992): Die Nachhaltigkeit von Entwicklungsprojekten. Eine Methode zur Evaluierung am Beispiel von Berufsbildungsprojekten. Opladen: Westdeutscher Verlag.

Stockmann, R./Meyer, W. (2014): Evaluation. Eine Einführung. Opladen & Toronto: Verlag Barbara Budrich.

Strohschneider, P. (2014): Zur Politik der Transformativen Wissenschaft, S. 175–192, in A. Brodocz/D. Hermann/R. Schmidt/D. Schulz (Hrsg.), Die Verfassung des Politischen. Wiesbaden: Springer.

Stufflebeam, D. (2001): Evaluation Models. New direction for evaluation. A publication of the American Evaluation Association. San Francisco: Jossey-Bass.

Stufflebeam, D./Coryn, C. (2014): Evaluation Theory, Models, and Applications. Jossey-Bass.

Weingart, P. (2003): Wissenschaftssoziologie. Bielefeld: transcript.

Wildavsky, A. (1979): Speaking truth to power. New Brundwick, New Jersey: Transaction Publishers.

Wissenschaftsrat (Hrsg.) (2015): Zum wissenschaftspolitischen Diskurs über Große gesellschaftliche Herausforderungen. Wiesbaden.

Wulf, C. (1972): Evaluation. München: Piper.

Wynne, B. (1996): May the Sheep Safely Graze? A Reflexive View of the Expert-Lay Knowledge Divide, S. 44–78, in S. Lash/B. Szerszynski/B. Wynne (Hrsg.), Risk, Environment and Modernity. London: Sage Publications.

# Nachhaltiges Publizieren. Zu den Grenzen des wissenschaftlichen Wachstums

Martina Franzen

## 1 Einleitung

> »(T)he shallow philosophy of ›getting on with one's work‹ – that is, piling up
> research findings – is actively reinforced by the attitudes of management,
> dominated by quantitative measures of ›productivity‹ and ›creativity‹ and not
> caring at all about the general health of the art.« (Ziman 1970, S. 894)

Wissen bildet die Voraussetzung, um dien zentralen politischen Herausforderungen der Gegenwart zu erkennen. Ob Klimawandel, Global Health oder Energiesicherheit, – es sind wissenschaftliche Erkenntnisse gefragt, um politische Problemlösungen, wenn nicht zu generieren, sie zumindest abzusichern. Wie aber wird Wissen von dem einen in den anderen Bereich transferiert? Bekanntermaßen reproduziert sich Wissenschaft über Publikationen, die, aufeinander aufbauend, den wissenschaftlichen Kenntnisstand referieren und die verschiedenen neue Wissenselemente über das Netzwerk an Zitationen verknüpfen. Dies macht Wissenschaft zu einem selbstreferentiellen System. Das Publikationssystem mit seinen je eigenen Regeln ist somit Dreh- und Angelpunkt der Zirkulation von Wissen nach innen und außen (vgl. Stichweh 1987).

Im Jahr 2016 wurden weltweit rund 2,3 Millionen wissenschaftliche Zeitschriftenbeiträge veröffentlicht, was einer Wachstumsrate von 3,9 Prozent zwischen 2006 und 2016 entspricht (Tollefson 2018). Die Publikationsmenge ist so enorm, dass sie es dem Wissenschaftler[1] unmöglich macht, die gesamte Literatur seines Faches zur Kenntnis zu nehmen. Die Diskrepanz zwischen der schieren Publikationsmenge und der selektiven Rezeption von Informationen ist jedoch kein neuer Befund. Empirischen Daten zufolge war bereits 1830 der Zeitpunkt erreicht, dass »scientists could not keep up with all the published work relevant to their interest« (Garfield 1987). Die Informationswissenschaft bot mit der Hierarchisierung von Publikationen über Zitationshäufigkeiten schließlich eine technische Problemlösung an (Bawden und Lyn 2008).

Der Informationswissenschaftler Eugene Garfield stellte die These auf, die Lektüre von nur 25 Journalen, meist sogar weniger, sei ausreichend, um als Experte der Entwicklung in einem Fach zu folgen (Garfield's Law of Concentration, siehe Garfield 1977). Hieraus leitete er die Idee des Journal Impact Factor zur Relevanzbestimmung wissenschaftlicher Zeitschriften auf Basis der erzielten Zitierungen der veröffentlichten Artikel ab (Garfield 1955). Mithilfe öffentlicher Fördergelder baute Garfield im Rahmen seines Institute for Scientific Information 1960 eine wissenschaftliche Zitationsdatenbank auf, die er mithilfe bibliometrischer Methoden zur Informationserschließung kommerziell verwertete.

Garfields Zitationsdatenbank, der Science Citation Index, bildet immer noch die Grundlage für das Ranking von Fachzeitschriften, auch wenn sein Eigentümer über die Jahrzehnte mehrfach wechselte (heute Clarivate Analytics). Während Garfields ursprünglicher Ansatz darin bestand, mit dem Journal Impact Factor eine Serviceleistung für den Wissenschaftler als Leser (und die Bibliothek als Abnehmer) zu schaffen, hat sich dessen Bedeutung inzwischen verkehrt. Der Journal Impact Factor, und allgemeiner noch Zitationszählungen, sind zur Quelle der quantitativen Leistungsmessung für den

---

1 Wissenschaftlerin und/oder Wissenschaftler – leider gibt es für jene Rolle noch keine geschlechtsneutrale Ausdrucksform. Ich habe mich aus Gründen der besseren Lesbarkeit für nur eine Form entschieden, und zwar in diesem Text für die männliche. Wissenschaftlerinnen wie im Folgenden auch Expertinnen, Autorinnen, Kritikerinnen, Leserinnen und Rezipientinnen sind stets miteingeschlossen.

Wissenschaftler als Autor mutiert. Zwar orientieren sich die wissenschaftlichen Lesegewohnheiten an den relevanten Fachzeitschriften, doch war dies auch der Fall vor der flächendeckenden Einführung von Metriken. Umso stärker aber wird das Publikationsverhalten durch die existierende numerische Zeitschriftenklassifikation geprägt. Die Wahl der passenden Zeitschrift wird strategisch auf Basis des entsprechenden Punktewerts kalkuliert. Artikel in den Spitzenzeitschriften zu veröffentlichen gilt heute als wissenschaftlicher Erfolg und Karrieremotor (z. B. Reich 2013). Dabei setzen die Zeitschriften an der Spitze der Reputationshierarchie auf ganz bestimmte Selektionskriterien, die über die rein wissenschaftliche Relevanz hinausgehen oder mit dieser sogar konfligieren können, wenn das Gewicht auf spektakulären Ergebnissen liegt (Franzen 2011).

In das wissenschaftliche Selbstverständnis hat sich die Abhängigkeit von Verbreitungsmedien und Publikationsformen sowie deren Prestigeordnung nach Publikationskennziffern so tief eingeschrieben, dass die Implikationen für die Wissensproduktion selten diskutiert werden. Aber was ist, wenn sich herausstellt, dass die indikatorenbasierte Gewichtung von Publikationen im Wissenschaftsbetrieb mit ihrer wissenschaftlichen Relevanz nicht übereinstimmt? Wenn die Jagd nach renommierten Publikationsplätzen sogar dysfunktionale Effekte für die Erkenntnisproduktion zeitigt? Wenn das konventionalisierte Aufbaumuster des wissenschaftlichen Artikels der Erkenntnisbildung vielleicht nicht nur unbedingt zuträglich, sondern sogar abträglich ist?

Momentan befindet sich die Wissenschaft in der Krise, zumindest verbal. Es ist kein Geheimnis mehr, dass nicht alle publizierten Studien wissenschaftlich halten, was sie versprechen. Wissenschaftler aus allen Bereichen sind der Auffassung, dass wir uns gegenwärtig in einer wissenschaftlichen Reproduzibilitätskrise befinden (Baker 2016). Hinzu kommt der Umstand, dass immer mehr wissenschaftliche Publikationen – dem Peer Review im Vorfeld der Veröffentlichung zum Trotz – formal zurückgezogen werden. Der Anteil der Widerrufe (*retractions*) fällt zwar bezogen auf das Gesamtvolumen an Zeitschriftenpublikationen immer noch sehr gering aus mit weniger als 0,2 Prozent (im Überblick

Hesselmann et al. 2017), doch wird ihr exponentieller Anstieg um das Zehnfache in der letzten Dekade als Krisensymptom gedeutet (van Noorden 2011). Ob allerdings die Anzahl falscher oder gefälschter Artikel über die Jahrzehnte tatsächlich zugenommen hat oder die Zahlen vielmehr Ausdruck einer gestiegenen Sensibilität gegenüber Fehlern in der wissenschaftlichen Literatur sind, bleibt noch offen (Franzen 2016).

Was der gegenwärtige Diskurs um wissenschaftliche Glaubwürdigkeit aber einmal mehr verdeutlicht, ist, dass die Publikationsmenge relativ wenig über den wissenschaftlichen Erkenntnisfortschritt aussagt. Von solchen Überlegungen gänzlich unbenommen wird wissenschaftliche Produktivität am Publikationswachstum festgemacht und wissenschaftliche Leistungen werden darüber auch im großen Maßstab institutionell vermessen. Dabei wird seit langem bestritten, dass der institutionell beförderte Publikationsdruck für die wissenschaftliche Entwicklung tatsächlich zielführend ist. Stattdessen scheint der Publikationszwang den gesellschaftlichen Anspruch an verlässliches Wissen eher noch zu unterhöhlen. Wie absurd das Spiel um Autorschaft geworden ist, illustriert der Titel einer Studie, die kürzlich in *Nature* erschienen ist: »The scientists who publish a paper every five days« (Ioannidis et al. 2018). Im Zeitraum von 2000–2016 identifizierte das Forscherteam in der Publikationsdatenbank Scopus über 9000[2] sogenannte »hyperprolific authors«, die mindestens 72 Forschungsartikel in einem Jahr veröffentlichten. Nimmt man das Konzept der Autorschaft ernst, ist nach der rein zeitlich vorhandenen Kapazität eines jeden Wissenschaftlers eine derart hohe Produktivität kaum möglich, erst recht, wenn man berücksichtigt, dass die Publikationsaktivität nur eine Aufgabe unter anderen im Wissenschafts- und Hochschulbetrieb darstellt – von der Drittmittelakquise ganz zu schweigen. Wenn zusätzlich der Anspruch aufrechterhalten bleibt, dass wissenschaftliche Publikationen *neues* Wissen transportieren

---

2 Ein Großteil davon fällt dabei auf die für manche Bereiche der Physik typische Kollektivautorschaft, d. h., wenn die Autorschaft für jedes neu publizierte Papier über die Mitgliedschaft in einem großen internationalen Forschungskonsortium vergeben wird.

sollen, das einen methodisch kontrollierten Herstellungsprozess durchlaufen hat, ist eine serielle Produktion von Neuheiten mit wissenschaftlichen Anforderungen kaum kompatibel (Franzen 2014a).

Im vorliegenden Beitrag wird die Publizität der Wissenschaft im Rekurs auf die Idee der Nachhaltigkeit, wie sie dem vorliegenden Band zugrunde liegt, kritisch reflektiert. »Das Wissen der Nachhaltigkeit«, so der Titel des Bandes, lässt sich in doppelter Hinsicht auslegen: erstens als Wissen über Nachhaltigkeit und zweitens als nachhaltiges Wissen. Der Beitrag setzt an dem zweiten Aspekt an, tritt jedoch noch einen Schritt hinter die Ausgangsfragen der Wissensintegration und des Wissenstransfers zurück, um die zentrale Frage zu adressieren, ob unter den gegebenen institutionellen Bedingungen eine nachhaltige Wissensproduktion möglich ist. Im Fokus der Analyse steht das Verhältnis von Wissen und Publikation. Hierzu wird als Erstes der Stellenwert der Publikation für die Wissenschaft aus historischer Perspektive betrachtet und soziologisch genauer gefasst (2). Im zweiten Schritt wird die wissenschaftliche Publikationspraxis als Trias von Publikation, Rezeption und Kritik in ihrer Konstellation näher beleuchtet (3). Mit Blick auf rezente Entwicklungen werden drei Paradoxien des wissenschaftlichen Publizierens dezidiert entfaltet, die einer nachhaltigen Wissensproduktion im Wege stehen (4). Im Diskussionsteil werden schließlich Vorschläge diskutiert, wie diese Paradoxien aufzulösen sind, um den unbeabsichtigten Nebenfolgen des wissenschaftlichen Veröffentlichungsgebots beizukommen (5).

# 2 Zum Stellenwert der Publikation für die Wissenschaft

Um sich die Bedeutung der Publikation für die wissenschaftliche Entwicklung zu vergegenwärtigen, ist es hilfreich, einen Blick zurück in die Geschichte zu werfen. So ist die Ausdifferenzierung der Wissenschaft eng gekoppelt an die Erfindung der wissenschaftlichen Zeitschrift im 17. Jahrhundert. Die

Umstellung vom kurzlebigen und adressatenbeschränkten Briefverkehr zur Veröffentlichung der Erkenntnisse in periodischen Zeitschriften war funktional für die Wissenschaftsentwicklung als solche. Über die laufende Veröffentlichung wissenschaftlicher Erkenntnisse wurde ein breiterer Wissenszugang ermöglicht, der Wissensstand per Druckmedien zugleich archiviert und die Kumulation von Wissen dadurch vorangetrieben (Zuckerman und Merton 1971). Es dauerte allerdings noch bis zur Mitte des 19. Jahrhunderts, bis sich das Fachjournal als primäres Verbreitungsmedium der Wissenschaft durchsetzte (Garfield 1987). In dieselbe Zeit fiel die Entwicklung des experimentellen Artikels (Bazerman 1988), dessen Struktur bis heute nahezu konstant geblieben ist.

Der wissenschaftliche Aufsatz ist eine Technologie, die historisch betrachtet »zur Anmeldung eines Besitzanspruches entstanden zu sein (scheint), als Folge der überlappenden Forschungsanstrengungen« (Price 1974 [1963], S. 80). Aus funktionaler Perspektive betrachtet, stellt der Zeitschriftenbeitrag somit eine Lösung für gängige Prioritätsstreitigkeiten zwischen Wissenschaftlern dar (Merton 1957). Die Publikation macht Erkenntnisse wiederum wissenschaftlich anschlussfähig (Ziman 1969, S. 318). Demnach gehört alles, was nicht publiziert ist, nicht zur Wissenschaft, obwohl es vielleicht wahr ist (Stichweh 1987). Mit der Publikation, und in erster Linie durch die Gründung periodischer wissenschaftlicher Zeitschriften, werden wissenschaftliche Entdeckungen mit einem Namen und einem Datum versehen. Als personalisierte wissenschaftliche Entdeckungen tragen Publikationen zur Reputationsbildung bei. Mit der Reputation verbindet sich eine Bewertung und Hierarchisierung wissenschaftlicher Leistung. Reputation fungiert Niklas Luhmann zufolge als wissenschaftliches Selbststeuerungsmedium in zweierlei Hinsicht: als Selektionshilfe, um die Wahrnehmung auf Relevantes zu lenken, und als Motivationsstruktur, um Beachtung für wissenschaftliche Leistungen zu erringen (Luhmann 1981).

Angesichts des »doppelten Produktionsmodus« von Wissenschaft im Hinblick auf Forschung einerseits und Publikation andererseits (Knorr-Cetina 1984) handelt es sich bei der Darstellung von Wissen immer um ein selektives

Reporting zu kommunikativen Zwecken (Franzen 2011, 2016). Die Herausforderung an die Publikationserstellung ist, dass alle Verstehensgrundlagen für den konkreten Nachvollzug wissenschaftlicher Beobachtungen im Text geschaffen werden müssen (Luhmann 1990, S. 603). Im Context of Justification besteht die Aufgabe also darin, die Leserschaft auf engem Raum von der Plausibilität der präsentierten Schlussfolgerungen zu überzeugen, nicht zuletzt mit rhetorischen Mitteln (Latour und Woolgar 1979). Durch die schriftliche Darlegung wissenschaftlicher Ergebnisse wird die systemeigene Kritikfunktion angekurbelt oder wie Andreas Göbel es pointiert formuliert: »Das gedruckte Wort reizt zum Widerwort« (Göbel 2006, S. 119). Die Publizität der Wissenschaft ist demnach systemkonstitutiv. Erst über die Publikation wird Wahrheitskommunikation sichtbar und damit wissenschaftlich anschlussfähig. Publikationen sind medientheoretisch gesprochen somit »Formen der Wahrheit« (Corsi 2005, S. 178); ihr Inhalt aber muss sich der kritischen Überprüfung nach Wahrheitsgesichtspunkten aussetzen.

Zweifelsohne lässt sich die wissenschaftliche Publikation und allen voran der standardisierte Artikel als evolutionäre Errungenschaft werten, die den wissenschaftlichen Fortschritt begünstigt hat, indem erstens individuelle Wahrheitsansprüche über Autorschaft geltend gemacht werden konnten und zweitens wissenschaftliche Anschlussfähigkeit durch wechselseitige Bezugnahme und Kritik hergestellt wurde. Dass die Publikation überhaupt zu einem symbolischen Äquivalent für eine signifikante wissenschaftliche Entdeckung werden konnte (Merton 1957, S. 655), ist nicht allein mit der Institution eines vorgeschalteten Peer Reviews[3] zu erklären, sondern hängt nicht minder mit der Medialität des Buchdrucks zusammen. Mithilfe des Buchdrucks wird die kontinuierliche Erkenntnisproduktion zu einem bestimmten Zeitpunkt fixiert[4], was

---

3  Die Institution Peer Review gilt heute als formaler Qualitätssicherungsmechanismus, ihre Wurzeln gehen auf die Gründungsgeschichte der wissenschaftlichen Zeitschrift zurück (Zuckerman und Merton 1971).
4  Da die Erkenntnisbildung weiterläuft, handelt es sich bei der Publikation immer um vorläufiges Wissen, das zu einem gewissen Grad von selbst veraltet.

sie zu einem wissenschaftlichen Ereignis gerinnen lässt. Insofern lässt sich der Stellenwert der Publikation für die Wissenschaft nicht hoch genug einschätzen: »The technique of the scientific paper, through simple and probably accidental in its origin, was revolutionary in its effects. The paper became not just a means of communicating a discovery, but, in quite a strong sense, it was the discovery itself« (Price 1981, S. 3).

Die Unterscheidung zwischen Kommunikation und Entdeckung bzw. Erkenntnis, auf die Price hier aufmerksam macht, lohnt es im Hinblick auf die Unterscheidung von Leistung und Erfolg im Kontext der quantifizierten Bewertung in der Wissenschaft in Erinnerung zu rufen. Nicht zuletzt aufgrund jener Gleichsetzung der Publikation (Erfolg) mit der wissenschaftlichen Entdeckung (Leistung) ist das Publizieren in der Wissenschaft zum Selbstzweck avanciert.[5] Festzuhalten an dieser Stelle ist, dass es sich bei wissenschaftlichen Publikationen stets um Kommunikationsofferten handelt und nicht um die Zirkulation bereits gesicherten Wissens. Diese sachliche Differenz geht in wissenschaftspolitischen Debatten häufig verloren. Sobald wissenschaftliche Publikationen (öffentlich) widerlegt werden, ist schnell von einem Glaubwürdigkeitsverlust von Wissenschaft die Rede – obwohl eine nachträgliche Überprüfung zum wissenschaftlichen Kerngeschäft gehört und dem Ziel entgegenkommt, die Akkumulation von Wissen voranzutreiben. Der wissenschaftlichen Erkenntnisbildung ist eine Trias von Publikation, Rezeption und Kritik inhärent, die es einmal genauer auf rezente Veränderungen hin zu betrachten lohnt.

---

5   Zur Differenz von Leistung und Erfolg vgl. allgemein Neckel (2001)

# 3 Zur Trias von Publikation, Rezeption und Kritik

Zum wissenschaftlichen Ethos gehört es, wissenschaftliche Erkenntnisse nicht für sich zu behalten, sondern sie zu veröffentlichen. Robert K. Merton, Begründer der Wissenschaftssoziologie, bezeichnete diese Norm einmal als Kommunismus (Merton 1942). Merton zufolge darf es für ein funktionierendes Wissenschaftssystem keinen Privatbesitz an Wissen, sondern nur ein intellektuelles Eigentumsrecht geben. Dieses Recht besteht in dem Anspruch »auf die Anerkennung und Wertschätzung, die, wenn die Institution auch nur mit einem geringen Maß an Effizienz funktioniert, in etwa mit der Bedeutung dessen übereinstimmt, was in den allgemeinen Fonds des Wissens eingebracht worden ist« (Merton 1972, S. 51). Anerkennung für wissenschaftliche Leistungen zu erringen und dadurch Reputation aufzubauen, nach Bourdieu eine Form symbolischen Kapitals, ist somit die entscheidende Anreizstruktur, neues Wissen zu generieren. Damit dies gelingt, müssen die individuell erworbenen Erkenntnisse der Community über die Veröffentlichung verfügbar gemacht werden.

Zum historischen Verständnis hinzuzufügen ist, dass Merton den Aufsatz zur Kodifizierung des wissenschaftlichen Ethos vor dem Eindruck des Nationalsozialismus im Jahr 1942 schrieb. Kommunismus verweist hier auf eine öffentliche Wissenschaft und richtet sich gegen die gerichtete Selektivität von Wissen in autoritären Systemen. Die dysfunktionalen Konsequenzen einer fremdreferentiellen Steuerung der Wissenschaft über literarische Zensur waren auch in der DDR später offenkundig (Lokatis 1996). Aber selbst in Demokratien erleben wir damals wie heute, dass bestimmte Forschungsergebnisse der Öffentlichkeit bewusst vorenthalten werden (Schäfer 2014)[6], auch wenn

---

6 Dieser Umstand betrifft heute weniger die akademische Forschung, sondern vielmehr die Industrieforschung, wo kommerzielle Verwertungsabsichten einer freizügigen Kommunikation von Wissen und insbesondere dem Austausch von Daten entgegenstehen (Haeussler 2014). Weiterhin existiert daneben aber auch eine »staatlich verordnete Geheimhaltung«

gegenwärtig die Norm des Kommunismus unter dem wissenschaftspolitischen Diktum von Open Science ausgeweitet wurde und inzwischen u. a. ebenso die Veröffentlichung der dahinterliegenden Forschungsdaten umfasst.

Der Sprachwissenschaftler Harald Weinrich (1994) spricht analog zur Norm des Kommunismus vom Veröffentlichungsgebot der Wissenschaft. Wie Merton verbindet er mit einer freizügigen Kommunikation von Wissen die Vorstellung einer effektiven Wissensakkumulation. »Etwas wissen und es wissenschaftlich wissen, ist nichts wert, wenn es nicht auch den andern Angehörigen der wissenschaftlichen Population bekanntgegeben wird.« (Weinrich 1985, S. 496) Neben dem Veröffentlichungsgebot existiere Weinrich zufolge aber ebenso ein Rezeptions- und Kritikgebot in der Wissenschaft. Wenn Wissen allen verfügbar gemacht wird, ist jeder Wissenschaftler aufgefordert, es kritisch zu rezipieren und jede Anstrengung zu unternehmen, ein Wahrheitsangebot entweder zu falsifizieren oder zu erhärten (ebd, S. 496 f.).[7] Wissenschaft ist aus dieser Perspektive kommunikatives Handeln, das drei Rollen kennt: den Autor, den Rezipienten und den Kritiker, die in der Rolle des professionellen Wissenschaftlers in Personalunion ausgefüllt werden.

Mit Blick auf die gegenwärtigen Leistungsanforderungen an wissenschaftliche Karrieren wird jedoch nur die Erfüllung einer der drei Subrollen, die des Autors, honoriert. »Publish or perish« heißt die allgemein geteilte Devise. Die Publikation ist demnach von der ursprünglichen Idee der Ermöglichung der Wissensakkumulation zu einem Karriereerfordernis avanciert, was mit der Herausbildung und Anwendung publikationszentrierter Indikatoren im Kontext der institutionalisierten wissenschaftlichen Leistungsmessung im

---

bestimmter Forschungsgebiete, vorrangig die militärische Forschung betreffend (Schäfer 2014, S. 78), aber auch bei Dual-Use-Technologien, deren missbräuchliche Nutzung für terroristische Einsätze man aus staatlicher Sicht fürchtet. So kommt es vor, dass Studien (z. B. aus der synthetischen Biologie) aus sicherheitspolitischen Gründen nicht vollständig veröffentlicht werden (ebd., S. 79).

7   Ohne eine Rezeptionsnorm separat auszuweisen, formuliert auch Merton ein Kritikgebot, das er Organisierten Skeptizismus nennt, institutionalisiert im Peer Review.

Zusammenhang steht. Das gegenwärtige Wissenschaftssystem ist somit durch eine einseitige Stärkung der Autor- zulasten der Rezipienten- und Kritikerrolle gekennzeichnet.

Dem Kritikgebot wird in der Regel *vor* der Veröffentlichung im Rahmen des Peer-Review-Verfahrens der Zeitschriften nachgekommen.[8] Als sogenannte referees sind jedoch nicht alle Wissenschaftler gleichermaßen tätig. So sind in der biomedizinischen Forschung knapp 20 Prozent der Wissenschaftler für 80 Prozent der Manuskriptgutachten zuständig, wie eine jüngste Studie aufzeigt (Kovanis et al. 2016). Die Arbeitsbelastung für Review-Tätigkeiten ist insofern höchst ungleich verteilt. Vor diesem Hintergrund lässt sich konstatieren, dass die Rolle des professionellen Wissenschaftlers, die qua definitionem verschiedene Subrollen umfasst, sich heute immer stärker arbeitsteilig organisiert. Es macht den Anschein, als ob gerade bei der jüngeren Generation an Wissenschaftlern, die mit den Leistungsanforderungen an Wissenschaft durch Publikationskennziffern sozialisiert sind und Wissenschaft als Karrierejob definieren, für Tätigkeiten jenseits des Publizierens (und der Drittmittelakquise) kaum mehr genügend Zeit übrigbleibt. Unter Wettbewerbsbedingungen wird das, was als Community Service betrachtet wird (Begutachtung von Artikeln und Forschungsanträgen, Buchrezensionen, Überblicksartikel), leicht als nicht karriererelevant eingestuft, sodass es entsprechend oft hinten runterfällt.

Empirischen Untersuchungen zufolge ist die Bereitschaft, Manuskriptgutachten zu übernehmen, über die letzten Jahre gesunken, wenn nicht bei allen, dann zumindest bei einigen Journalen (Albert et al. 2016; Fox et al. 2017). Verfolgt man dem Selbstverständigungsdiskurs in den einzelnen Fachkulturen, wie er aus Editorials oder Kommentaren insbesondere in den biomedizinischen Zeitschriften hervorgeht, so fällt die allgemeine Wahrnehmung über den Status

---

8  Die Manuskriptbegutachtung ist sozusagen der »Prototyp« des Peer Reviews (Hirschauer 2004). In der Forschungsförderung ist Peer Review nicht minder verbreitet, wobei die Kritikerrolle im letzteren Fall sogar noch stärker Gefahr läuft, als Machtinstrument missbraucht zu werden, um unerwünschte Konkurrenz auszuschalten (Hirschi 2018).

des Peer Reviews noch sehr viel dramatischer aus, als es in Zahlen zum Ausdruck kommt. Die Rede ist von einer systematischen Überlastung des Gutachterwesens mit Qualitätseinbußen als Folge (z. B. Dannenberg 2017). Während das Publikationsgeschäft der Wissenschaft floriert, scheint das Peer-Review-System gegenwärtig in einer tiefen Krise zu stecken.

# 4 Paradoxien der wissenschaftlichen Publizität

Publikationen sind für die Wissenschaft primäres Mittel der Kommunikation, um vorläufiges Wissen zu präsentieren und auf seine Relevanz hin diskutieren zu lassen. Dafür müssen neue Erkenntnisse der Wissenschaft, sprich Publikationen, aber überhaupt erst wahrgenommen werden. Von den publizierten Ergebnissen werden viele nur spärlich rezipiert. Je mehr Beachtung aber ein Forschungsergebnis erfährt, desto mehr Zitationen zieht die Publikation auf sich – und dies erstmal ungeachtet der wissenschaftlichen Substanz. Vielmehr handelt es sich bei der Zitationsrate um einen kumulativen Zahlenwert, der nicht zwischen positiven und negativen Bezügen unterscheidet. Und dennoch herrscht in der institutionalisierten Forschungsevaluation die Vorstellung vor, dass Zitationen Ausdruck wissenschaftlicher Relevanz bzw. Qualität sind. Je mehr, desto besser – dieses Mantra trifft ebenso auf Publikations- und Zitationszahlen zu.

Zur gängigen Wahrnehmung in der Wissenschaft gehört, dass sich der Publikationsdruck spätestens seit den 1980er-Jahren enorm verschärft hat. Heute spüren bereits Studierende den wissenschaftlichen Veröffentlichungsdruck. Ob sich als Ursache eines gesteigerten Veröffentlichungsgebots tatsächlich die Einführung des New Public Managements ausmachen lässt oder nicht vielmehr mehrere Faktoren hier zusammenspielen, allen voran die Expansion der Wissenschaft in ihrer Doppelstruktur von Verwissenschaftlichung der Gesellschaft und Vergesellschaftung der Wissenschaft (Weingart 2001), kann an dieser Stelle nicht geklärt werden. Relativ deutlich aber ist, dass die Ursache für die zahlreichen Krisendiagnosen über den Zustand der Wissenschaft in ihrem eigenen Reproduktionsmechanismus, ihrer Publizität, zu suchen ist. Im Folgenden werden drei Paradoxien benannt, die das gegenwärtige Wissenschaftssystem kennzeichnen.

## Paradoxie I: Die enorme Menge an Publikationen übersteigt die individuelle Rezeptionskapazität

Bereits 1963 machte der Wissenschaftshistoriker Derek de Solla Price auf eine paradoxe Entwicklung aufmerksam. Gemessen an Publikationen nimmt die wissenschaftliche Produktivität seit dreihundert Jahren exponentiell zu. Bei ungebremster Tendenz, »hätten wir«, so Price (1974 [1963], S. 19), »zwei Wissenschaftler für jeden Mann, jede Frau, jedes Kind und jeden Hund in der Bevölkerung«. Mit Blick auf die aktuellen Zahlen sieht man, dass sich zwar die Wachstumsrate an Publikationen über die letzten Dekaden leicht verringert hat (NSF 2018) – wie bereits von Price prognostiziert. Am Umstand, dass das Gleichgewicht zwischen Produktion und Rezeption aus den Fugen geraten ist (vgl. Weingart 2001, S. 99 ff.), ändert sich jedoch nichts. Die Klagen über eine systematische Überforderung sind jedoch nicht neu. Bereits Ende der 1940er-Jahre wurde das Problem auf einer Konferenz der Royal Society erörtert:

»Not for the first time in history, but more acutely than ever before, there was a fear that scientists would be overwhelmed, that they would be no longer able to control the vast amounts of potentially relevant material that were pouring forth from the world's presses, that science itself was under threat.« (zit. nach Bawden und Robinson 2008)

Die Hierarchisierung von Informationen über bibliometrische Kennziffern – einst als Problemlösung gedacht (Garfield 1955) – hat durch ihren Bedeutungswandel von der Serviceleistung gegenüber Lesern zur Leistungsmessung von

Autoren die Publikationsflut eher noch befördert. Das permanente Schreiben lässt nun immer weniger Zeit für das Lesen (Weingart 2001, S. 99 ff.). Ein Ausweg aus diesem Dilemma scheint nicht in Sicht, offenbart sich doch hier der ambivalente Charakter einer Reputationszuweisung über Publikationen. Der ehemalige Chefredakteur von *Nature*, John Maddox, beschreibt diese Ambivalenz wie folgt: »People cannot on the one hand complain that they cannot keep up with the literature and, on the other, insist that their survival depends on publication« (Maddox 1995, S. 523). Der Publikationsdruck ist selbstverstärkend. Im publizistischen System – man betrachte nur die Massenmedien – müssen Informationen immer wieder nachgelegt werden, und zwar im schneller werdenden Takt. Dadurch entsteht ein paradoxer Effekt: »Die *gesteigerte Produktivität* führt zu einer *Abnahme der Aufmerksamkeit* für jeden einzelnen Artikel« (Weingart, Hervorh. i. O.: 2001, S. 104). Aufmerksamkeit wird zum kostbaren Gut, und zwar nicht nur, um Werbeeinnahmen in den Medien zu kalkulieren, sondern eben auch in der Wissenschaft und ihrem Publikationswesen. Die Orientierung an aufmerksamkeitsgenerierenden Faktoren ist nicht auf die Außendarstellung der Wissenschaft beschränkt, sondern greift durch bis hinein in die wissenschaftsinterne Kommunikation hinsichtlich der Art der Darstellung von Forschungsergebnissen (Franzen 2011). Dabei stehen wissenschaftliche Relevanzkriterien und massenmediale Nachrichtenwerte prinzipiell in einem Spannungsverhältnis (Weingart 1998), denn das »publikumswirksame Spektakel [verpasst] dem Markt der Ideen seine irrationalen Züge« (Franck 1998, S. 185).

Der Wettbewerb um Aufmerksamkeit für wissenschaftliche Produkte hat sich im Zuge der Digitalisierung noch verschärft. Wissenschaftler sind angehalten, Impression Management zu betreiben, um im Informationsdickicht nicht unterzugehen. Dazu gehört nicht zuletzt das Selbstmarketing über soziale Medien. Mit Altmetrics (Kunstwort für alternative Metriken) steht jetzt sogar ein passendes Bewertungstool für die Wissenschaft zur Verfügung, das sich im Publikationswesen rasant ausgebreitet hat (vgl. Franzen 2015). Altmetrics messen die Resonanzquote auf Publikationen auch unterhalb der Zitationsschwelle

(Downloads, Bookmarks etc.) und jenseits der Fachzeitschriften. Das gleichnamige Unternehmen Altmetric offeriert sogar einen Attention Score, visuell ansprechend in Form eines Badge, dem sogenannten Altmetric-Donut. Dafür werden Nutzungsstatistiken in den sozialen Medien ausgelesen und pro Artikel algorithmisch zu einem Zahlenwert verdichtet, der so zahlreiche Vergleichsmöglichkeiten erlaubt. Aber auch hier gilt, Resonanz ist selbstverstärkend. Dabei ist die Resonanzquote in den sozialen Medien genauso wenig wie die Zitationsquote in wissenschaftlichen Fachzeitschriften ein geeigneter Indikator für die wissenschaftliche Qualität eines Beitrags oder kann über den Mehrwert des gewonnenen Wissens Auskunft geben. Die Aussagefähigkeit von Altmetrics lässt sich – analog zu Google Analytics – primär auf die Messung von Marketingerfolg reduzieren.

## Paradoxie II: Der Glaube an Publikationskennziffern führt zur Vernachlässigung der Inhalte

Das Diktum »publish in top journals or perish« hat sich in das wissenschaftliche Selbstverständnis tief eingeschrieben. Wissenschaftler stehen unter Druck, ihre Ergebnisse schnellstmöglich zu generieren, um sie bestmöglich zu publizieren. Aus reputationstaktischer Sicht ist entscheidend, Erkenntnisse nicht nur zu publizieren, sondern sie dort zu platzieren, wo Punkte vergeben werden. Die Stratifizierung der Journale, gemessen an ihren Zitationsquoten, d. h. der Relevanzzuschreibung seitens der Rezipienten, ist zum Erfolgsmaßstab geworden, und dies erst einmal vollkommen ungeachtet der dahinterstehenden wissenschaftlichen Entdeckung, d. h. des inhaltlichen Mehrwerts.

Wie weit sich dieses Belohnungsprinzip über quantitative Maßzahlen bei Wissenschaftlern reaktiv eingeschrieben hat, wird anhand eines neurobiologischen Experiments deutlich. Paulus et al. (2015) zeigten mithilfe des funktionellen Neuroimaging, dass während der Antizipation eigener Publikationen bei Wissenschaftlern das Belohnungszentrum im Gehirn angesprochen wird, und zwar in Abhängigkeit von der Höhe des Journal Impact Factors. Die Publikation in einem der renommierten Journale ist damit zum Selbstzweck geworden, und zwar seitdem die begeisterte Hinwendung zu bibliometrischen Kennziffern auf Seiten der Politik die Entscheidungsebenen von Hochschulen und Forschungsfördereinrichtungen erreicht hat (Weingart 2005). Mit der Definitionsmacht der Journale über Qualität einerseits und der Bedeutungszunahme von Publikationskennziffern über Karrieren andererseits hat sich das wissenschaftliche Kerngeschäft verändert. Der Governance-Wandel der Hochschulsysteme in Richtung New Public Management (NPM) hat nach Schimank (2010, S. 236) für die Wissenschaft zu einer »Zielverschiebung von Wahrheitssuche zu Reputationsstreben« geführt. Über die Quantifizierung der Reputation wird das NPM-Ziel einer leistungsgerechten Mittelallokation angesichts immer knapper werdender staatlichen Finanzmittel zu realisieren versucht. Wie effizient ein solches System ist, bleibt fraglich angesichts der bekannten Problemlagen. Indikatoren lassen sich einerseits künstlich in die Höhe treiben (Gaming the System), andererseits werden wissenschaftliche Leistungen durch standardisierte Messinstrumente allzu leicht invisibilisiert (z. B. klassische Buchwissenschaften über den Journal Impact Faktor).

Bereits vor fünfzig Jahren räsonierte Luhmann über die Entwicklung der Wissenschaft Folgendes: »Das motivkräftige Streben nach Reputation kann den Informationsfluss beträchtlich belasten. [...] Die Auswahl von Themen und Mitteilungsweisen wird reputationstaktisch und nicht allein an Wahrheit und Klarheit orientiert« (Luhmann 2005 [1970], S. 305). Eine einseitige Orientierung an der kurzfristigen Reputationsmehrung führe in der Konsequenz zu einem »rasche[n] Wechsel von Modethemen, [dem Hang, M. F.] zu unerledigtem Liegenlassen vielbehandelter Probleme, zur Oberflächendifferenzierung der Terminologie, zur Verschlüsselung von Banalitäten« (Luhmann 2005 [1970], S. 305). Eine Zielverschiebung hin zur Reputationsmehrung geht mit einer Vernachlässigung der Inhalte einher, in der wissenschaftliche Anschlüsse zwar formal möglich bleiben, aber der Erkenntniswert möglicherweise ausbleibt.

## Paradoxie III: Die Publikationsrate steigt unabhängig vom Wissensfortschritt

Auch wenn die wissenschaftliche Produktivität gemessen an Publikationen immer weiter zunimmt, wächst nicht automatisch das Volumen an Wissen. Mit der Expansion der Wissenschaft ist auch das Publikationssystem mitgewachsen und hat sich diversifiziert. Eine der Folgen der fortschreitenden Binnendifferenzierung ist, dass die Veröffentlichungsschwelle abgesunken ist. Auch diese Einsicht ist nicht neu:[9] »Not only is there too much scientific work being published; there is much too much of it.« (Ziman 1970, S. 890).

Was mit der Publikationswelle ebenso ansteigt, ist das Volumen an falschem Wissen, auf das u. a. die Diagnose der Reproduzibilitätskrise hinweist (vgl. die Beiträge in Atmanspacher und Maasen 2016). Ioannidis (2005) kommt auf Basis seiner methodologischen Reflexion sogar zu dem Schluss, dass ein Großteil publizierter Ergebnisse schlicht falsch ist. Auf der Jagd nach statistischer Signifikanz läuft Ioannidis zufolge nicht nur die biomedizinische Forschung, sein eigenes Feld, Gefahr, dass »claimed research findings may often be simply accurate measures of the prevailing bias« (Ioannidis 2005, S. 0696). Gründe dafür sind u. a. das Fehlen von Randomisierung oder zu geringe Fallzahlen. Neben schlecht konzipierten Studien schaffen es auch gefälschte Studien (Franzen et al. 2007) oder echte *fake articles*[10] (Bohannon 2013) gelegentlich bis zur Veröffentlichung. Um Systemvertrauen zurückzugewinnen, wurden Zertifizierungsinstanzen wie die Reproducibility-Initative ins Leben gerufen, die Studien umgekehrt ein Gütesiegel verleihen soll, und zwar nach einer geglückten experimentellen Überprüfung. So werden einzelne Publikationen bei Bedarf

---

9  Die Sorge um Qualitätsverfall bestand also schon weit vor den heute diskutierten autorfinanzierten Open-Access-Journalen und den predatory journals.

10  Mit fake articles sind Artikel gemeint, die auf keiner wissenschaftlichen Grundlage beruhen. Vielmehr handelt es sich um Hoaxes, die mithilfe automatisierter Textproduktion erstellt worden sind, um Laborexperimente, z. B. zum Peer Review durchzuführen (siehe Bohannon 2013).

mit einem »Certificate of Reproducibility« geadelt (gegen Entgelt). Doch selbst wenn wissenschaftliche Publikationen formal »richtig« sind, bedeutet es noch nicht, dass sie wissenschaftlich auch als relevant zu erachten sind oder erachtet werden, sie müssen auch ansprechend und originell genug sein. Und selbst im Fall einer realen Wissenszunahme vergrößert sich immer zugleich auch der Anteil an Nichtwissen. Im Kontext der reflexiven Modernisierung verweist der Begriff des Nichtwissens »auf unbekannte und unerwartete Handlungs- und Entscheidungsfolgen jenseits kalkulierbarer Risiken und abschätzbarer Ungewissheiten des Wissens« (Wehling 2001, S. 465).

Wie hoch also der Wissensfortschritt momentan ausfällt, ist schwer einzuschätzen. Bei Wissen handelt es sich im Unterschied zur Publikation um eine nicht zählbare Einheit. Angesichts der diskutierten Modellierungen der Fehlerrate wissenschaftlicher Literatur lässt sich eines aber zumindest konstatieren: Wissenschaftliches Wissen wächst nicht linear zur Publikationsrate. Vielmehr ist der Zusammenhang zwischen Publikation und Wissen als solches fragwürdig geworden.

Nimmt man die drei Paradoxien zusammen, haben wir es derzeit mit einer Entwicklung zu tun, in der zwar die wissenschaftliche Produktivität formal, d. h. gemessen am weltweiten Publikationsvolumen, immer weiter steigt, ohne jedoch die wissenschaftlichen Erträge im gleichen Maße einfahren zu können. Dies mag mit den genannten Anreizstrukturen der staatlichen Mittelallokation zusammenhängen, die nicht an dem eigentlichen wissenschaftlichen Ziel, neue gesicherte Erkenntnisse zu generieren, ansetzen, sondern am Nebencode Reputation (vgl. Schimank 2010). Hieraus erwachsen Zielkonflikte (Osterloh 2010). Vielfach diskutiert wird die Gefahr, dass die intrinsische Motivation der Wahrheitssuche von der Macht der Zahlen verdrängt wird (z. B. Münch 2015). Im Ergebnis fehlt es an Innovation.

# 5 Diskussion: Was heißt nachhaltiges Publizieren?

Wie lässt sich diese wissenschaftsreflexive Analyse nun mit dem Programm der Soziologie der Nachhaltigkeit zusammenbringen? (Wendt et al. 2018). Einer der Merksätze für eine nachhaltige Entwicklung lautet: »Das Niveau der Abbaurate erneuerbarer Ressourcen darf ihre Regenerationsrate nicht übersteigen.« (Daly 1990, S. 2). Setzen wir in einem Gedankenspiel nun an die Stelle der »Ressourcen« die wissenschaftliche Erkenntnis und an die Stelle des »Abbaus« die Publikation, dann hieße der Merksatz von Nachhaltigkeit übertragen auf die Wissenschaft: »Das Niveau der Publikationsrate von wissenschaftlichen Erkenntnissen darf ihre Regenerationsrate nicht übersteigen.« Der Begriff der Regeneration bedarf allerdings einer Spezifizierung, da wissenschaftliche Ressourcen im Unterschied zu biologischen Rohstoffen, einmal angelegt, nicht von selbst nachwachsen. Was für die Regeneration in beiden Zusammenhängen unabdingbar ist, sind die passenden Umweltbedingungen sowie Zeit und Energie. Eine simple Regeneration des bereits Vorhandenen wäre für die Wissenschaft zu wenig. Gerade weil es, evolutionstheoretisch gesprochen, in der Wissenschaft immer um die Generierung des Neuen geht, braucht es neben der Produktion von immer mehr Variationen (Publikationen) einen adäquaten Mechanismus der Selektion relevanter Erkenntnisse (Peer Review), um mittelfristig für eine Restabilisierung von Wissen zwecks Verwertung zu sorgen – analog zur biologischen Regeneration. Erst im Falle des stabilisierten Wissens lässt sich von einer nachhaltigen Wissensproduktion sprechen.

Eine wissenschaftliche Kultur unter dem Druck, laufend neue Publikationen zu fabrizieren, hält zwar eine ganze Publikationsindustrie am Laufen, verliert dabei aber ihren wissenschaftlichen Selbstzweck aus den Augen: neues gesichertes Wissen bereitzustellen. Auch die organisationalen Perforationen im Publikationswesen, eine gewisse Selektivität der Variationen über titeleigene

Veröffentlichungskriterien einzuführen (Franzen 2011, 2014b), verschärfen das Grundproblem eines Medienkonflikts in der Wissenschaft (Corsi 2005) nur. Publikationen sind eben nicht gleichbedeutend mit der wissenschaftlichen Entdeckung und/oder Erkenntnis; Publikationen sind zunächst nichts weiter als Kommunikationsofferten, die sich immer erst im Nachhinein als wahr oder falsch oder im Ansatz als tragfähig oder nicht tragfähig erweisen. Nicht zuletzt unter Wissenschaftlern selbst herrscht inzwischen der Glaube vor, dass bereits der Erhalt einer Veröffentlichungsgenehmigung eine wissenschaftliche Leistung darstellt. Mit der heutigen Orientierung der meisten Zeitschriften am sogenannten Goldstandard des Peer Reviews ist, rückwirkend betrachtet, eine Entlastung des fachwissenschaftlichen Lesepublikums von einer kritischen Prüfung der Publikationen entstanden, so Hirschi (2018), der an der Durchsetzung des (vertraulichen) Peer-Review-Verfahrens das Verschwinden öffentlicher Kritik festmacht.

Wird allein die Tatsache der Veröffentlichung bereits als wissenschaftliche Leistung gewertet, prämiert man in erster Linie die Fähigkeit eines Wissenschaftlers, die konventionellen Darstellungsregeln eines wissenschaftlichen Artikels zu kennen und richtig anzuwenden sowie den Umstand, die Selektionskriterien eines Journals/Verlags erfolgreich antizipieren zu können. Wird die Anzahl der Zitationen, die ein Artikel oder das gesamte Portfolio eines Wissenschaftlers generiert hat, zum wissenschaftlichen Leistungsausweis gemäß zitationsbasierter Indikatoren (z. B. h-index) erklärt, prämiert man darüber hinaus das professionelle Marketing der Verlage, die Netzwerkbildung der Autoren oder die (wissenschaftliche) Popularität des Themas. Allen Anwendungen und Indikatoren zum Trotz lässt sich die Qualität eines einzelnen Beitrags weder in positiver noch in negativer Hinsicht an der Zitationshöhe ablesen. Zahlreiche Beispiele belegen, je kontroverser ein Ergebnis ist, desto häufiger wird es zitiert (Franzen 2011). Die Formulierung von »bold claims« kann so leicht zum taktischen Kalkül werden, um in der quantitativen Leistungsmessung möglichst gut abzuschneiden, mitunter noch besser als die

Konkurrenten, denen ein wichtiger wissenschaftlicher Durchbruch gelungen ist (Brookfield 2003; Martinson 2017). Umgekehrt kennt die Bibliometrie einen Begriff für Beiträge, die gemessen an Zitationen über Jahre unbeachtet blieben, aber dann plötzlich eine enorme Aufmerksamkeit erfahren – die Sleeping Beauties (van Raan 2004). So offenbart die Wissenschaftsgeschichte, dass für manch eine wesentliche Einsicht auch die Zeit reif sein muss. Vor allem aber braucht es für die Entfaltung wissenschaftlicher Relevanz die erforderliche Aufmerksamkeit der Community – und die nötige Muße, diese zu erkennen.

Im Dickicht der wissenschaftlichen Informationen ist es für wissenschaftliche Autoren nicht einfacher geworden, die nötige Aufmerksamkeit bei den peers zu erwirken. Insofern besteht das verzweifelte Ziel für den Wissenschaftler heute darin, laufend zu publizieren und möglichst viele Zitationen einzufahren. Vielschreiberei wird belohnt. Werbung in eigener Sache wird zur Regel. Man erkennt das z. B. daran, dass viele Kollegen sukzessive dazu übergehen, ihre aktuellen Veröffentlichungen in der E-Mail-Signatur aufzuführen. Selbst Academic Social Network Sites wie ResearchGate oder Academia.edu erfüllen für Wissenschaftler vorrangig den Zweck, das individuelle Publikationsportfolio zu bewerben, um eine breite Leserschaft zu generieren, von der Hoffnung getragen, auch zitiert zu werden (Meishar-Tal und Pieterse 2017). Jede Aktivität wird gemäß der Plattformökonomie entsprechend belohnt; so fließt in den personalisierten ResearchGate Score (der im Übrigen die wissenschaftliche Reputation abbilden soll) nicht zuletzt das individuelle Interaktivitätslevel, z. B. in den Q&A Sessions, mit ein. Eine Verknüpfung mit sozialen Medien wie Facebook oder Twitter sorgt darüber hinaus für eine automatische Verbreitung jedes neu hochgeladenen Dokuments auf der Plattform. Personalisierte Suchalgorithmen und Empfehlungsdienste sollen wiederum dem Wissenschaftler als Leser dienen – wie in der Buchdruckgesellschaft noch die Bibliotheken – bislang allerdings ohne Serendipity-Effekt.

Nachhaltiges Publizieren im Sinne der Trias von Publikation, Rezeption und Kritik hieße demgegenüber, die relevante wissenschaftliche Leserschaft auch *inhaltlich* zu erreichen, d. h. sie zur Überprüfung der Wahrheitsansprüche oder zumindest zur kritischen Lektüre zu stimulieren. Dies wäre die genuine Aufgabe der Institution Zeitschrift, den fachwissenschaftlichen Diskurs zu führen. Das Web 2.0 bietet dafür die geeignete Infrastruktur, sich von dem Modell der linearen Kommunikation zu lösen. In einigen elektronischen Zeitschriften wird diese wechselseitige Kommunikation über ein sogenanntes Open Peer Review realisiert (im Überblick Ross-Hellauer 2017), analog zum Journalismus über elektronische Kommentarspalten. Die wissenschaftlichen Verwendungsmöglichkeiten sind jedoch bei weitem noch nicht ausgeschöpft; auch die Beteiligungsraten fallen zum jetzigen Zeitpunkt insgesamt noch spärlich aus (ebd.). Was es für eine höhere wissenschaftliche Beteiligung bräuchte, wären institutionelle Anreizstrukturen, um die Kritikerrolle gegenüber der Autorenrolle zu stärken. Prämierungen wie die immer wieder diskutierten Entgeltzahlungen an Gutachter oder die symbolische Auszeichnung von Reviewern, wie dies die Online-Plattform *Publons* konkret praktiziert (vgl. Franzen i. E.), scheinen dagegen eher dafür zu sorgen, dass sich die Produktion neuen Wissens von der Kritik an demselben weiter sozial entkoppelt. Die Absurdität einer Prämierung der Gutachtertätigkeiten für wissenschaftliche Zeitschriften wird schnell deutlich, wenn man erfährt, dass der Preisträger des von *Publons* eingerichteten Sentinel of Science Award 2016, der schwedische Medizinphysiker John Ranstam, insgesamt 661 (!) Gutachten in einem Jahr verfasste – also rund zwei Gutachten pro Tag. In der quantitativen Leistungsmessung ist die Grenze nach oben hin offen. Zu der oben genannten Sozialfigur des »hyperprolific author« (Ioannidis et al. 2018) gesellt sich nun auch der »hyperprolific referee«. Ob eine derart hohe Aktivitätsrate der gewünschten Qualitätssicherung am Ende dienlich ist, sei dahingestellt.

Ein gänzlich anders gelagerter Vorschlag, die überbordende Publizität in der Wissenschaft zu bezwingen, stammt von dem Biomediziner Brian C. Martinson. Er schlug kürzlich vor, für Wissenschaftler eine Art Lebenszeitkonto an Wörtern einzurichten, um ihre Publikationsaktivitäten zu drosseln. »Lifetime limits would create a natural incentive to do research that matters.« (Martinson 2017) Sein Impetus ist, wissenschaftliche Autorschaft müsse wieder zu ihrer ursprünglichen Zielsetzung zurückfinden; nicht um eine weitere Publikation für die Liste zu generieren, sondern um Wissen zu teilen. Dies würde die enorme Arbeitsbelastung durch Gutachtertätigkeiten verringern und damit insgesamt zur wissenschaftlichen Qualitätsverbesserung beitragen. Auch wenn ein solcher Vorschlag einer Wortbegrenzung abwegig erscheinen mag, so macht er zumindest deutlich, wie groß die Verzweiflung in einigen Fächern inzwischen sein muss. Zwar gibt es durchaus gute Gründe, gegen ein »Bad Opening« (Schimank und Volkmann 2012) des wissenschaftlichen Publikationswesens anzugehen – man denke nur an predatory publishers. Doch scheint es nicht funktional, dem einzelnen Wissenschaftler im Umkehrschluss ein Veröffentlichungsverbot aufzuerlegen. Dies widerspricht nicht nur der oben diskutierten Norm des Kommunismus. Bereits die Geschichte der DDR-Verlage zeigte, dass (ökonomische und politische) Verknappungsstrategien wissenschaftlichen Fortschritt verhindern und nicht befördern (Lokatis 1996; vgl. auch Franzen 2014b).

Somit führen beide Vorschläge, einen Kulturwandel in der Wissenschaft über die punktuelle Aufwertung der Review-Tätigkeiten einerseits und die Wortbegrenzung pro Wissenschaftler andererseits herbeizuführen, am Ende in eine Sackgasse. Wenn es das Ziel ist, eine nachhaltigere Wissenschaftsproduktion im Sinne einer sukzessiven Restabilisierung von Wissen zu fördern, muss woanders angesetzt werden, und zwar bei der Governance der Wissenschaft. Es müssen die Anreizstrukturen der Wissenschaft verändert werden. Seit der Einführung des New Public Management ist an vielen Hochschulen die Verteilung knapp gewordener Haushaltsmittel als Incentive an die Erreichung bestimmter Zielvorgaben, u. a. der Publikationsquoten, geknüpft. Die Verknüpfung der Leistungsmessung mit der Publikationsaktivität gilt aber umso stärker noch für wissenschaftliche Karrieren, so bei der leistungsorientierten Mittelvergabe (LOM) für Professoren oder der Tenure-Vergabe für Postdocs. In manchen (Entwicklungs-)Ländern werden bekanntermaßen finanzielle Prämien für

Publikationen in High-Impact-Zeitschriften gezahlt (Adam 2002), was korruptes Verhalten begünstigt (Hvistendahl 2013). Angesichts der Definitionsmacht der Top-Zeitschriften über wissenschaftliche Qualität und damit über Karrieren wurden in den letzten Jahren zahlreiche Debatten über die unerwünschten Nebeneffekte einer Governance by Numbers angestoßen, allen voran ist hier die San Francisco Declaration of Research Assessment (DORA 2012) zu nennen, die auch hierzulande zahlreiche Unterstützer gefunden hat. Doch selbst die Empfehlung, einen verantwortlicheren Umgang mit Metriken zu praktizieren, wie es ebenso das Leiden Manifesto (Hicks et al. 2015) oder selbst das Altmetric Manifesto (Priem et al. 2010) vorsehen, bleibt der Publikation als Basis des wissenschaftlichen Leistungsvergleichs verhaftet.

Will man also den Erkenntnisfortschritt fördern, ist ein radikaler Richtungswechsel nötig.[11] Der nötige Schritt dahin ist, die wissenschaftliche Erfolgskontrolle endlich von der Publikation zu lösen. Zu dieser Schlussfolgerung gelangte bereits vor über 20 Jahren der damalige Chefredakteur von *Nature*, John Maddox, als er nach drei Jahrzehnten von seinem Amt zurücktrat: »There can be no more important goal for the research community in the next few years than to cut the link between publications and success« (Maddox 1995, S. 523). Sein Appell erscheint heute aktueller denn je. Wie aber lassen sich wissenschaftliche Leistungen alternativ messen?

Ein gangbarer Weg für eine nachhaltigere Wissensproduktion könnte darin liegen, explizite, öffentliche Bewertungen zu forcieren. Anstelle eines vertraulichen Pre-Publication Peer Reviews von durchschnittlich zwei ausgewählten Experten, die über die Publikationswürdigkeit von Manuskripten urteilen, erscheint es zielführend, die inhaltliche Qualitätsbewertung auf die gesamte Fachcommunity auszudehnen und auf die Phase *nach* der Veröffentlichung auszulagern (Post-Publication Peer Reviews). Kriegeskorte (2012) hat auf dieser

---

11  Dass auch ein öffentlicher Handlungsdruck besteht, kommt zum Vorschein in Headlines wie dieser: »Rettet die Wissenschaft«, so ein Schwerpunktthema von DIE ZEIT (Schmitt und Kara 2014).

Basis bereits einen weitreichenden Vorschlag unterbreitet, wie ein solches Modell von Open Evaluation konkret aussehen könnte. Ohne auf die Details an dieser Stelle näher einzugehen, besagt seine Vision im Kern, Rezeption und Evaluation in einem offenen System zusammenzuführen und damit das herkömmliche Publikationsmodell Zeitschrift mittelfristig abzulösen. Ähnlich wie beim bekannten Customer-Review-System von Amazon bleibt die Bewertung nicht nur auf die Produkte beschränkt, sondern schließt auch den Bewertenden (indirekt) mit ein. Bewertet wird, ob die Begründung des Ratings als nützlich oder nicht nützlich erachtet wird. Hierüber wird die Reputation des Reviewers quantifiziert in Relation dazu, auf wie viel Zustimmung seine Beurteilungen treffen. Ein personenzentriertes Scoring könnte also einen Anreiz für den Wissenschaftler bieten, sich nicht allein als Autor, sondern auch über die Rolle des Kritikers zu profilieren und somit an der Restabilisierung des Wissens öffentlich mitzuwirken.

Sobald sich ein many-to-many-System von Open Evaluation durchsetzt[12] und die Bewertungsresultate auch institutionell nachgefragt werden, wird vermutlich auch der Publikationsdruck sukzessive nachlassen und sich womöglich auf ein gesundes Gleichgewicht zwischen Publikation und Rezeption einpendeln. Ein weiterer Vorteil ist darin zu sehen, dass sich Post-Publication Peer Review auf Online-Plattformen prinzipiell auf alle wissenschaftlichen Publikationsformen anwenden lässt – nicht nur auf den naturwissenschaftlichen Zeitschriftenartikel, sondern auch auf Überblicksartikel, Sammelbandbeiträge, Essays, Konferenzbeiträge bis hin zu Rezensionen. Die derzeit herrschende einseitige Fokussierung auf den standardisierten Zeitschriftenartikel als Quelle des Leistungsvergleichs verkennt, dass verschiedene Publikationsformen für die Wissenschaft auch unterschiedliche Funktionen erfüllen. Gerade wenn es um die Restabilisierung von Wissen geht, ist der originäre Zeitschriftenartikel gar

---

12 In anderen digitalen Kontexten ist ein solcher Ansatz mit dem Begriff des Crowdvotings belegt, Amazon's Customer-Review-System ist der prominente Vorreiter.

nicht das entscheidende Format (vgl. Fleck 1980 [1935]). Ein System von Open Evaluation, verstanden als sozialer Prozess, würde nicht zuletzt auch den fachspezifischen Publikations- und Bewertungskulturen stärker Rechnung tragen können, um schließlich das gesellschaftspolitische Ziel zu erreichen, neues und multidisziplinär abgesichertes Wissen für immer komplexer werdende gesellschaftliche Problemlagen zu erhalten.

# Literatur

Adam, David (2002): Citation analysis: The counting house. Nature 415, S. 726–729.

Albert, Arianne Y. K.; Gow, Jennifer L.; Cobra, Alison and Timothy H. Vines (2016): Is it becoming harder to secure reviewers for peer review? A test with data from five ecology journals. Research Integrity and Peer Review 1, 14.

Atmanspacher, Harald & Sabine Maasen (eds.) (2016): Reproducibility: Principles, Problems, Practices and Prospects. Hoboken, New Jersey: John Wiley & Sons, Inc.

Baker, Monya (2016): 1,500 scientists lift the lid on reproducibility. Survey sheds light on the ›crisis‹ rocking research. Nature 533, S. 452–454.

Bazerman, Charles (1988): Shaping Written Knowledge. The Genre and Activity of the Experimental Article in Science. Madison: The University of Wisconsin Press.

Bohannon, John (2013): Who's Afraid of Peer Review? Science 342 (6154), S. 60–65.

Brookfield, John (2003): The system rewards a dishonest approach. Nature 423, S. 480.

Corsi, Giancarlo (2005): Medienkonflikt in der modernen Wissenschaft? Soziale Systeme 11, S. 176–188.

Daly, Herman E. (1990): Toward some operational principles of sustainable development. Ecological economics 2 (1), S. 1–6.

Dannenberg, Pascale A. (2017): Auf der Suche nach der verlorenen Qualität. duz Magazin 6(17), S. 22–27 .

DORA (2012): San Francisco Declaration on Research Assessment. http://am.ascb.org/dora/ (aufgerufen am 01.09.2018).

Fleck, Ludwik (1980 [1935]): Entstehung und Entwicklung einer wissenschaftlichen Tatsache. Einführung in die Lehre vom Denkstil und Denkkollektiv. Frankfurt am Main: Suhrkamp.

Fox, Charles W.; Albert, Arianne Y. K.; Vines, Timothy H. (2017): Recruitment of reviewers is becoming harder at some journals: a test of the influence of reviewer fatigue at six journals in ecology and evolution. Research Integrity and Peer Review 2, 3.

Franck, Georg (1998): Ökonomie der Aufmerksamkeit. Ein Entwurf. München: Carl Hanser Verlag.

Franzen, Martina (2011): Breaking News. Wissenschaftliche Zeitschriften im Kampf um Aufmerksamkeit. Baden-Baden: Nomos.

Franzen, Martina (2014a): Nachrichten aus der Forschung: Wie der News-Journalismus die Wissenschaft beeinflusst. WZB-Mitteilungen Nr. 145: Wie Neues entsteht: Kontext und Konsequenzen von Innovation, S. 25–28.

Franzen, Martina (2014b): Grenzen der wissenschaftlichen Autonomie. Zur Eigengesetzlichkeit von Publikationskulturen. In: Franzen, Martina; Jung, Arlena; Kaldewey, David; Korte, Jasper (Hg.): Autonomie revisited – Beiträge zu einem umstrittenen Grundbegriff in Wissenschaft, Kunst und Politik. Sonderband 2 der Zeitschrift für Theoretische Soziologie (ZTS), S. 374–399.

Franzen, Martina (2015): Der Impact Faktor war gestern. Altmetrics und die Zukunft der Wissenschaft. Themenheft: Der impact des impact factors, Soziale Welt 66(2), S. 225–242.

Franzen, Martina (2016): Science between Trust and Control: Non-Reproducibility in Scholarly Publishing. In: Harald Atmanspacher & Sabine Maasen (eds.): Reproducibility: Principles, Problems, Practices and Prospects. Hoboken, New Jersey: John Wiley & Sons, Inc., S. 468–485

Franzen, Martina (i. E.): Funktionen und Folgen von Transparenz. Zum Fall Open Science. In: Osrecki, Fran; August, Vincent: (Hg.): Der Transparenz-Imperativ. Normen, Strukturen, Praktiken. Berlin: Springer.

Franzen, Martina; Rödder, Simone, Weingart, Peter (2007): Fraud: causes and culprits as perceived by science and the media. EMBO reports 8(1), S. 3–7.

Garfield, Eugene (1955): Citation Indexes for Science. A New Dimension in Documentation through Association of Ideas. Science 122(3159), S. 108–111.

Garfield, Eugene (1977): The Mystery of the Transposed Journal Lists – Wherein Bradford's Law of Scattering is Generalized According to Garfield's Law of Concentration. Essays of an Information Scientist 1, S. 222–223.

Garfield, Eugene (1987): The 170 Surviving Journals That CC Would Have Covered 100 Years Ago. Current Contents 26, S. 164–173.

Haeussler, Carolin (2011): Information-sharing in academia and the industry: A comparative study. Research Policy 40(1), S. 105–122.

Meishar-Tal, Hagit; Pieterse, Efrat (2017): Why Do Academics Use Academic Social Networking Sites? The International Review of Research in Open and Distributed Learning 18(1) Special Issue: Advances in Research on Social Networking in Open and Distributed Learning, http://www.irrodl.org/index.php/irrodl/article/view/2643/4044.

Bawden, David and Robinson, Lyn (2008): The dark side of information: overload, anxiety and other paradoxes and pathologies. Journal of Information Science 35(2), S. 180–191.

Hesselmann, Felicitas; Graf, Verena; Schmidt, Marion; Reinhart, Martin (2017): The visibility of scientific misconduct: A review of the literature on retracted journal articles. Current sociology 65(6), S. 814–845.

Hicks, Diana; Wouters, Paul; Waltman, Ludo et al. (2015): Bibliometrics: The Leiden Manifesto for research metrics. Nature 520, S. 429–431.

Hirschauer, Stefan (2004): Peer Review auf dem Prüfstand. Zum Soziologiedefizit der Wissenschaftsevaluation. Zeitschrift für Soziologie 33, S. 62–83.

Hirschi, Casper (2018): Wie die Peer Review die Wissenschaft diszipliniert. Merkur 72(832), S. 5–19.

Hvistendahl, Mara. 2013. China's Publication Bazaar. Science 342(6162), S. 1035–1039.

Ioannidis, John P. A. (2005): Why Most Published Research Findings Are False. PLoS Med 2(8), e124.

Ioannidis, John P.; Klavans, Richard und Kevin W. Boyack (2018): The scientists who publish a paper every five days. Nature 561, S. 167–169.

Knorr-Cetina, Karin (1984): Die Fabrikation von Erkenntnis: Zur Anthropologie der Naturwissenschaft. Frankfurt am Main: Suhrkamp.

Kovanis, Michail; Porcher, Raphaë; Ravaud, Philippe et al. (2016): The Global Burden of Journal Peer Review in the Biomedical Literature: Strong Imbalance in the Collective Enterprise. PLoS ONE 11(11): e0166387.

Kriegeskorte, Nikolaus (2012): Open Evaluation: A Vision for Entirely Transparent Post-Publication Peer Review and Rating for Science. Frontiers in Computational Neuroscience 79.

Latour, Bruno & Steven Woolgar (1979): Laboratory Life. Beverly Hills: Sage Publications.

Lokatis, Siegfried (1996): Wissenschaftler und Verleger in der DDR. Das Beispiel des Akademie-Verlages. Geschichte und Gesellschaft 22(1), S. 46–61.

Luhmann, Niklas (1981): Die Ausdifferenzierung von Erkenntnisgewinn: Zur Genese von Wissenschaft. Kölner Zeitschrift für Soziologie und Sozialpsychologie, Sonderheft 22 Wissenssoziologie, S. 102–139.

Luhmann, Niklas (1990): Die Wissenschaft der Gesellschaft. Frankfurt am Main: Suhrkamp.

Luhmann, Niklas (2005 [1970]): Selbststeuerung der Wissenschaft. In: ders. (Hg.): Soziologische Aufklärung 1. Wiesbaden: VS Verlag, 7. Auflage, S. 291–316.

Maddox, John (1969): Journals and the Literature Explosion. Nature 221, S. 128–130.

Maddox, John (1995): Valediction from an old hand. Nature 378, S. 521–523.

Martinson, Brian C. (2017): Give researchers a lifetime word limit. Nature 550, S. 303.

Merton, Robert K. (1942): Science and Technology in a Democratic Order. Journal of Legal and Political Sociology 1, S. 115–126.

Merton, Robert K. (1957): Priorities in Scientific Discovery: A Chapter in the Sociology of Science. American Sociological Review 22, S. 635–659.

Merton, Robert K. (1972): Wissenschaft und demokratische Sozialstruktur. In: Peter Weingart (Ed.): Wissenschaftssoziologie I. Wissenschaftliche Entwicklung als sozialer Prozeß. Frankfurt am Main: Suhrkamp, S. 45–59.

Münch, Richard (2015): Alle Macht den Zahlen! Zur Soziologie des Zitationsindexes. Soziale Welt 66(2), S. 149–160.

Neckel, Sighard 2001: ›Leistung‹ und ›Erfolg‹. Die symbolische Ordnung der Marktgesellschaft. In: Eva Barlösius, Hans-Peter Müller und Steffen Sigmund (Hg.): Gesellschaftsbilder im Umbruch. Soziologische Perspektiven in Deutschland. Opladen: Leske & Budrich, S. 245–265.

The US National Science Foundation (NSF) (2018): Science and Engineering Indicators Report, https://www.nsf.gov/statistics/2018/nsb20181/

Osterloh, Margit (2010): Governance by numbers: Does it really work in research? Analyse und Kritik 32, S. 267–283.

Paulus, Frieder M.; Rademacher, Lena; Schäfer, Theo A. J.; Müller-Pinzler, Lara: Krach, Sören (2015): Journal Impact Factor Shapes Scientists' Reward Signal in the Prospect of Publication. PLoS ONE 10(11): e0142537.

Price, Derek J. de Solla (1974 [1963]): Little Science, Big Science. Frankfurt am Main: Suhrkamp.

Price, Derek J. de Solla (1981): The Development and Structure of the Biomedical Literature. In: Warren, Kenneth S. (Hg.): Coping with the Biomedical Literature. New York: Praeger Publications, S. 3–16.

Priem, Jason, Dario Taraborelli, Paul Groth & Cameron Neylon (2010): Altmetrics: A manifesto. http://altmetrics.org/manifesto/ (abgerufen: 10.05.2018).

Reich, Eugenie Samuel (2013): Science publishing: The golden club. Nature 502(7471), S. 291–293.

Ross-Hellauer, Tony (2017): What is open peer review? A systematic review. F1000 Research 6.

Schäfer, Mike S. (2014): Politische und ökonomische Einschränkungen der Kommunikation von Forschungsergebnissen. In: Weingart, Peter & Patricia Schulz (Hrsg.): Wissen – Nachricht – Sensation. Zur Kommunikation zwischen Wissenschaft, Öffentlichkeit und Medien. Weilerswist: Velbrück, S. 71–101.

Schimank, Uwe (2010): Reputation statt Wahrheit: Verdrängt der Nebencode den Code? Soziale Systeme 16, S. 233–242.

Schimank, Uwe; Volkmann, Ute (2012): Die Ware Wissenschaft: Die fremdreferentiell finalisierte wirtschaftliche Rationalität von Wissenschaftsverlagen. In: Engels, Anita/Knoll, Lisa (Hg.): Wirtschaftliche Rationalität. Soziologische Perspektiven. Wiesbaden: Springer, S. 165–183.

Schmitt, Stefan und Stefanie Kara (2014): Rettet die Wissenschaft. https://www.zeit.de/2014/01/wissenschaft-forschung-rettung

Stichweh, Rudolf (1987): Die Autopoiesis der Wissenschaft. In: Baecker, Dirk et al. (Hg.): Theorie als Passion. Frankfurt am Main: Suhrkamp, S. 447–481

Tollefson, J. (2018): China declared largest source of research articles. Nature 553, 390.

Van Noorden, Richard (2011): The Trouble with Retractions. Nature 478, S. 26–28.

Van Raan, Anthony F. J. (2004): Sleeping Beauties in Science. Scientometrics 59, S. 467–472.

Wehling, Peter (2001): Jenseits des Wissens? Wissenschaftliches Nichtwissen aus soziologischer Perspektive. Zeitschrift für Soziologie 30(6), S. 465–484.

Weingart, Peter (1998): Science and the Media. Research Policy 27(8) S. 869–879.

Weingart, Peter (2001): Die Stunde der Wahrheit? Zum Verhältnis der Wissenschaft zu Politik, Wirtschaft und Medien in der Wissensgesellschaft. Weilerswist: Velbrück Wissenschaft.

Weingart, Peter (2003): Growth, Differentiation, Expansion and Change of Identity – the Future of Science. In: Joerges, Bernward et al. (Hg.): Studies of Science and Technology: Looking Back Ahead. Dordrecht [u. a.]: Kluwer Academic Publishers, S. 183–200.

Weingart, Peter (2005): Impact of bibliometrics upon the science system: Inadvertent consequences? Scientometrics, 62, S. 117–131.

Weinrich, Harald (1985): Sprache und Wissenschaft. Merkur 39(436), S. 496–506.

Weinrich, Harald (1994): Sprache und Wissenschaft. In: Kretzenbacher, Heinz L. et al. (Hrsg.): Linguistik der Wissenschaftssprache, Berlin, New York: De Gruyter, S. 3–13.

Wendt, Björn; Böschen, Stefan; Barth, Thomas et al. (2018): »Zweite Welle«? Soziologie der Nachhaltigkeit – von der Aufbruchstimmung zur Krisenreflexion. In: SuN – Soziologie und Nachhaltigkeit, Sonderband III. Münster (https://www.uni-muenster.de/Ejournals/index.php/sun/article/view/2339).

Ziman, John M. (1969): Information, Communication, Knowledge. Nature 224, S. 318–324.

Ziman, John M. (1970): New Knowledge for Old. Nature 227, S. 890–894.

Zuckerman, Harriet; Merton, Robert K. (1971): Patterns of Evaluation in Science: Institutionalization, Structure, and Function of the Referee System. Minerva 9(1), S. 66–100.

# Zwischen Hoffnung und Skepsis. Perspektiven einer »nachhaltigen« Wirtschaft

## Thomas Melde

Nachhaltigkeit ist ein Wirtschaftsfaktor. Obwohl wirtschaftliche Akteure oftmals als Antagonisten einer nachhaltigen Entwicklung erscheinen, spielt Nachhaltigkeit auch in Unternehmen, die weder in spezifisch nachhaltigkeitsbezogenen Branchen engagiert sind noch sich dezidiert ein »grünes« Image geben, eine zentrale Rolle. Allerdings stellt Nachhaltigkeit in der Managementperspektive einen betrieblich bedeutenden Faktor dar. Diese spezifische Managementsicht auf Nachhaltigkeit unterscheidet sich zum Teil grundsätzlich von dem, was in wissenschaftlichen Nachhaltigkeitsdiskursen oder aus der Sicht von Umweltverbänden als Nachhaltigkeit gilt. Diese Unterschiede im Verständnis von Nachhaltigkeit führen an verschiedenen Stellen zu Übersetzungsschwierigkeiten oder gar zu Konflikten. So wie es zwischen Marketing und Produktion geradezu klassische Verständigungsschwierigkeiten gibt, so bestehen eben diese typischerweise zwischen dem Nachhaltigkeitsbeauftragten und dem Rest des Unternehmens. Selbst wenn Nachhaltigkeit als Unternehmensziel auch in einem idealistischen Sinne implementiert werden soll, stößt dies unweigerlich auf Schwierigkeiten in der konkreten Umsetzung. Bestehen solche Schwierigkeiten bereits intern, so sind sie notwendig umso größer, wenn es um die Kommunikation des Unternehmens mit unternehmensexternen Akteuren geht, die möglicherweise einem wiederum eigenen Nachhaltigkeitsverständnis folgen.

Dieser Beitrag möchte für den Zugang zu Nachhaltigkeit aus der Perspektive des unternehmerischen Nachhaltigkeitsmanagements sensibilisieren. Es geht dabei nicht um eine Bewertung. Vielmehr soll beschrieben werden, wie sich Nachhaltigkeit als Managementfaktor in der Alltagsrealität von Unternehmen darstellt. Dabei wird deutlich, dass Nachhaltigkeit bereits über eine Reihe von unternehmensrelevanten Parametern in die alltägliche Managementpraxis eingedrungen ist und ein erweitertes Wissen über Nachhaltigkeit aus Unternehmensperspektive als wünschenswert wahrgenommen wird. Im ersten Teil des Beitrags wird daher aus der praxisnahen und gleichzeitig distanzierten Perspektive der nachhaltigkeitsorientierten Unternehmensberatung auf Nachhaltigkeit als Managementfaktor eingegangen (Abschnitt 1). Der zweite Abschnitt reflektiert aus der Perspektive einer Soziologie der Nachhaltigkeit die Wissensbedarfe im unternehmerischen Nachhaltigkeitsmanagement (Abschnitt 2). Dies kann als Übersetzungsangebot für beide Seiten gelten: als Möglichkeit der Selbstreflexion unternehmerischen Nachhaltigkeitsmanagements, aber auch als Möglichkeit für die sozialwissenschaftliche Nachhaltigkeitsforschung, ihre Einsichten näher an eine Unternehmenspraxis heranzutragen. Welche konkreten Schritte zu einer engeren Zusammenarbeit von Praxis und Wissenschaft beitragen können, reflektiert ein abschließendes Fazit (Abschnitt 3).

# 1 Nachhaltigkeit als Managementfaktor

Auch Unternehmen, die mit ihrem Geschäftsmodell nicht von vornherein auf die Förderung einer nachhaltigen Entwicklung abzielen, kommen in vielfacher Hinsicht mit Nachhaltigkeit als Managementfaktor in Berührung. Ganz unabhängig von normativen Vorstellungen führen mindestens vier Dimensionen Nachhaltigkeitserwägungen in den unternehmerischen Entscheidungsprozess ein: (a) die Integration nicht-finanzieller Kategorien in die Unternehmensbewertung am Finanzmarkt, (b) eine zunehmende Ressourcenverknappung, (c) politische Rahmensetzungen und (d) veränderte Präferenzen am Konsum- und Investitionsgütermarkt. Es liegt daher für Unternehmen nahe, aus einer rationalen betriebswirtschaftlichen Logik heraus, Nachhaltigkeitsaspekte einzubeziehen. Diese Gesamtkonstellation bildet die Ausgangslage, aus der für Unternehmen Wissensbedarfe im Nachhaltigkeitsbereich entstehen und die berücksichtigt werden sollte, wenn eine sozialwissenschaftliche Nachhaltigkeitsforschung nach Ansätzen für eine Förderung nachhaltiger Entwicklung sucht.

## (a) Finanzmarkt

Sowohl die Bewertung von Unternehmen als auch die Kosten, die sie aufbringen müssen, um sich mit Kapital zu versorgen, stehen in direktem Zusammenhang mit ihren Nachhaltigkeitsleistungen. Das Verhältnis von Finanzmarkt, Nachhaltigkeit und Unternehmen muss daher einbezogen werden, wenn es gilt, das Nachhaltigkeitsengagement von Unternehmen zu verstehen oder zu fördern.

Tatsache ist, dass Nachhaltigkeitsaspekte heute mehr als je zuvor in die Unternehmensbewertung einfließen. So bezogen 73 Prozent der professionellen Finanzanalysten im Jahr 2017 ESG-Faktoren (Environmental, Social, Governance) systematisch (51 Prozent) oder sporadisch (45 Prozent) in ihre Bewertung von Anlagen ein (CFA). Die daraus resultierenden Ratings beeinflussen die Kosten, unter denen sich Unternehmen bei Banken und am Finanzmarkt mit Kapital versorgen können, weil sie als Ausdruck ihrer Zukunftsfähigkeit gelten. Damit verbunden sind neue ökonomische Anreizsysteme, die Nachhaltigkeitsleistungen in Unternehmen systematisch verbessern sollen. So hat etwa das niederländische Unternehmen Philips im Jahr 2017 mit der ING Bank einen revolvierenden Kreditvertrag in Höhe von einer Milliarde EUR abgeschlossen und die Höhe der damit verbundenen Zinszahlungen mit der Unternehmensperformance in einem gemeinsam definierten Nachhaltigkeitsrating verknüpft. Je besser die Nachhaltigkeitsleistung, desto besser die Kreditkonditionen (ING Bank 2017).

Unabhängig von formalisierten Nachhaltigkeitsratings nehmen Nachhaltigkeitsleistungen auch direkt Einfluss auf die Unternehmensbewertung. Die Kapitalmarktagentur Ocean Tomo schätzt beispielsweise, dass immaterielle Faktoren wie Markenimage und Reputation, aber auch die ökologische Performance und die gesellschaftliche Akzeptanz von Geschäftsmodellen mittlerweile mehr als 80 Prozent der Bewertung kapitalmarktorientierter Unternehmen ausmachen (Ocean Tomo 2017). Entsprechend können es sich zumindest börsennotierte Unternehmen kaum mehr leisten, Nachhaltigkeitsaspekte zu vernachlässigen. Unternehmensbewertungen, die nicht-finanzielle Aspekte systematisch integrieren, sind ein zentraler Impuls für Unternehmen, ihre Nachhaltigkeitsleistungen zielgerichtet zu steuern. Gerade für die Perspektive des Nachhaltigkeitswissens ist es relevant, diese Ratings näher zu untersuchen. So fällt beispielsweise auf, dass sie überwiegend auf Informationen gründen, die die Unternehmen selbst – und damit weitestgehend unhinterfragt und ungeprüft – bereitstellen. Zugleich handelt es sich in der Regel um ex-post Bewertungen, die eher auf vergangenen Leistungen der Unternehmen basieren als auf zukünftigen Geschäftschancen, die durch das stärkere Einbeziehen von Nachhaltigkeitsfaktoren entstehen könnten. Das hat zur Folge, dass die Risikoperspektive auf negative Externalitäten erheblich stärker in die Ratings einfließt als Fragen nach möglichen zusätzlichen Ertragschancen, die sich über eine stärkere Ausrichtung der Geschäftstätigkeiten an den Anforderungen einer nachhaltigen Entwicklung erschließen lassen könnten. Dies wiederum beeinflusst in nicht unerheblichem Maß die Logik und die Fokussierung, mit der die Nachhaltigkeitsleistungen in Unternehmen auf die Ratings hin optimiert werden. Zugleich verwenden die Ratingagenturen noch immer unterschiedliche Taxonomien, um Nachhaltigkeitsleistungen zu kategorisieren und zu bewerten. Ein objektiver Vergleich wird dadurch praktisch unmöglich. Auch deshalb, weil die Ratings in den meisten Fällen unabhängig vom Geschäftsmodell, der Branche oder der Unternehmensgröße erfolgen.

Gerade weil aktuell angesichts zahlreicher europäischer Initiativen in Richtung einer »Sustainable Finance« ein Mainstreaming von Nachhaltigkeit an den Finanzmärkten zu konstatieren ist, gilt es, die Wirkungen und Limitierungen von nicht-finanziellen Ratings besser zu verstehen.

## (b) Ressourcen

Von einer nachhaltigen Wirtschaftsweise lässt sich wohl nur dann plausibel sprechen, wenn verarbeitete Rohstoffe ausschließlich erneuerbar sind oder vollständig im Kreislauf geführt werden. Mit wachsender Weltbevölkerung steigt auch der Ressourcenverbrauch. Der UN zufolge wird die Weltbevölkerung von 7,6 Milliarden im Jahr 2017 auf 8,6 Milliarden im Jahr 2030 ansteigen. Dies geht mit einem steigenden Ressourcenbedarf einher – die Organisation erdölexportierender Länder (OPEC) geht beispielsweise davon aus, dass der Bedarf an Rohöl noch bis zum Jahr 2040 steigen wird (OPEC 2017). Der Ressourcenverbrauch rückt damit auch aus einer betriebswirtschaftlichen Perspektive in den Vordergrund. Eine funktionierende Kreislaufwirtschaft kann Unternehmen dabei helfen, den Verbrauch von Ressourcen effizienter zu gestalten. Nachhaltigkeitsaspekte werden so für betriebswirtschaftliche Managementprozesse relevanter.

Dass sich – relativ gesehen – ein nachhaltigerer Umgang mit Ressourcen im Wirtschaftssystem zunehmend zu etablieren scheint, lässt sich an einigen positiven Entwicklungen der letzten zwei Jahrzehnte ablesen: Seit 2000 ist etwa der inländische Materialverbrauch der EU-28 um ca. 15 Prozent gesunken, wobei zugleich die Ressourcenproduktivität um über 40 Prozent zunahm (Eurostat 2017). Der Anteil der Kapazitätsveränderungen im globalen Energieerzeugungsmix, der auf erneuerbare Energien entfällt, stieg von 20 Prozent im Jahr 2007 auf 55 Prozent im Jahr 2016 (Bloomberg 2017). Zugleich nahm der Anteil von kompostierten und dem Recycling zugeführten kommunalen Abfällen in der EU-28 von ca. 17 Prozent im Jahr 1995 auf ca. 45 Prozent im Jahr

2016 zu, wobei der Verbrennungs- und Deponierungsanteil entsprechend sanken (Eurostat 2017). Zugleich entstehen immer mehr Industrien, in denen sich belastbare Business Cases mit kreislaufwirtschaftsbezogenen Geschäftsmodellen rechnen (Ellen MacArthur Foundation, McKinsey Center for Business and Environment).

Für eine Entkopplung von Ressourcenverbrauch und wirtschaftlicher Entwicklung und eine konsequente Kreislaufführung von Rohstoffen fehlt es aber nach wie vor an hinreichend belastbarem Nachhaltigkeitswissen. So mangelt es in Unternehmen beispielsweise oft am technologischen Wissen für ein effektives Design-for-Recycling oder über die notwendige Qualität und Mengenverfügbarkeit von Rezyklaten. Wissen fehlt aber auch auf Kundenseite. So wird in der Kundenwahrnehmung Sekundärmaterial in der Regel als geringwertig wahrgenommen und tendenziell gemieden. Zudem existiert kaum ein in der Breite verfügbares Anwendungswissen über die Einsetzbarkeit von Sekundärmaterialien und es mangelt an dem politischen Wissen, wie sich Externalitäten, die etwa mit dem Verbleib von Materialien nach deren Gebrauch in der Umwelt einhergehen, in Primärmärkte einpreisen ließen.

Im Bereich der Ressourcen liegt ein hohes Nachhaltigkeitspotenzial, das aus rein betriebswirtschaftlichen Gründen für Unternehmen grundsätzlich attraktiv ist. Wissen spielt eine große Rolle im Erschließen dieses Nachhaltigkeitspotenzials, wobei der Beitrag sozialwissenschaftlicher Perspektiven hier auf den ersten Blick auch begrenzt zu bleiben scheint. Allenfalls könnte es aus sozialwissenschaftlicher Perspektive interessant sein, zu hinterfragen, inwieweit neue Sozialtechniken und die Digitalisierung als Treiber einer Circular Economy wirken können. Wo Sozialtechniken dazu beitragen können, Wiederverwertungsquoten zu erhöhen und marktfähig zu machen, könnte die Digitalisierung im Stoffstrommanagement die Steuerung ressourcenintensiver Produktionsprozesse verbessern, Materialinformationen über den gesamten Lebenszyklus von Produkten tragen oder mit dem »Internet of things« Lebenszyklen durch bessere Kommunikation intelligent verlängern (Wilts und Berg

2017). Solchen Möglichkeiten sozialwissenschaftlich nachzugehen und etwaige Risiken und Nebenwirkungen dabei einzubeziehen, wäre eine Aufgabe für sozialwissenschaftliche Nachhaltigkeitsforschung.

## (c) Politik

Nachhaltige Wirtschaftsweisen werden zunehmend regulatorisch sanktioniert. Die Politik ist damit ein wichtiger Faktor, durch den Nachhaltigkeit für Unternehmen relevant wird.

Für das Nachhaltigkeitsmanagement gelten zunächst primär einzelstaatliche Regelungen. So müssen Unternehmen, die an einer amerikanischen Börse notiert sind, etwa nach dem amerikanischen Dodd-Frank-Act von 2010 nachweisen, dass bestimmte Konfliktmaterialien nicht aus kongolesischen Minen stammen, die bewaffnete Gruppen für ihre Finanzierung missbrauchen. In Indien schreibt das sog. 2-Prozent-Gesetz Unternehmen mit mehr als ca. 125 Mio. EUR Umsatz jährlich vor, zwei Prozent ihres Umsatzes gemeinnützigen Einrichtungen zukommen zu lassen. Darüber hinaus entstehen in den vergangenen Jahren zunehmend einzelstaatliche Gesetze oder supranationale Initiativen, die Unternehmen dazu verpflichten, soziale und ökologische Due-Diligence-Prozesse für ihre globalen Lieferketten einzuführen: Beispiele hierfür sind:

- das Balancing Social and Environmental Responsibility Law (Brasilien) von 2008,
- der California Transparency in Supply Chains Act von 2010,
- die United Nations Guiding Principles on Business and Human Rights von 2011,
- der UK Modern Slavery Act von 2015,
- der Nationale Aktionsplan Menschenrechte von 2016,
- die Dévoir de vigilance von 2017.

Zugleich hat sich die Anzahl der weltweit wirksamen gesetzlichen Instrumente, die Unternehmen vorschreiben, über ihre Nachhaltigkeitsleistungen transparent Rechenschaft abzulegen, allein von 2006 bis 2016 auf fast 400 Einzelvorschriften verachtfacht.

Die Politik ist für Nachhaltigkeit im Unternehmen ein notwendig einzubeziehender Managementfaktor. Der Anteil von Unternehmen, die zu ihren Nachhaltigkeitsleistungen berichten, ist seit Anfang der 1990er-Jahren kontinuierlich gestiegen. Und auch die Regelungen zum Schutz der Menschenrechte in global vernetzten Wertschöpfungsstrukturen zeigen erste Erfolge. Doch auch hinsichtlich der Regulierung von Nachhaltigkeit in Unternehmen besteht Bedarf nach Nachhaltigkeitswissen und einer sozialwissenschaftlichen Nachhaltigkeitsforschung. Die Frage, wie wirtschaftliche Regulierung in einem fachübergreifenden Themengebiet wie der Nachhaltigkeit funktionieren kann und mit welchen Eigenlogiken diese in Unternehmen umgesetzt wird, wurde bislang selten adressiert. So fällt neben einer Präferenz für Steuerungsinstrumente der freiwilligen Selbstverpflichtung vor allem auf, dass viele der oben genannten Regulierungen auf börsennotierte Unternehmen beschränkt bleiben und es sich häufig um sogenanntes soft-law handelt. Reguliert wird außerdem mit Blick auf Transparenz – Wirkungsnachweise werden nicht eingefordert. Eine positive Korrelation zwischen Transparenz und Wirkung wird vielmehr vorausgesetzt, bislang jedoch ohne ernsthaft erkennbaren Nachweis. Die sozialwissenschaftliche Nachhaltigkeitsforschung hat hier einen großen Beitrag zu leisten. Vor allem die Frage nach geeigneten und wirksamen politischen Anreizstrukturen für ein nachhaltigeres Wirtschaften von Unternehmen scheint noch nicht ausreichend beantwortet.

## (d) Konsum- und Investitionsgütermarkt

In Konsum- und Investitionsgütermärkten fallen Kaufentscheidungen. Wären die Märkte in der Lage, negative Externalitäten einzupreisen und die so zusätzlich erzielten Gewinne entsprechend umzuverteilen, wären das Wirtschaftssystem und mit ihm die Funktionsweise von Unternehmen im Sinne einer nachhaltigen Entwicklung umprogrammiert.

Davon sind wir freilich weit entfernt. Eine (immerhin wachsende) Minderheit von Kaufentscheidungen wird aktuell unter Berücksichtigung sozialer und ökologischer Kriterien gefällt. Insbesondere im B2B-Geschäft – also in verkaufsbezogenen Vertragsbeziehungen zwischen Unternehmen – entstehen in den letzten Jahren eine Vielzahl von Managementinstrumenten (Nachhaltigkeitsratings von Lieferanten, nachhaltige Lieferantenqualifizierung, Code of Conduct etc.), mit denen Kaufentscheidungen im Hinblick auf Nachhaltigkeitskriterien ausgerichtet werden. Abgesehen von wenigen Pilotversuchen in Unternehmen, diese Kriterien zumindest virtuell bei der Preisfestlegung zu berücksichtigen, hat eine echte Veränderung der Logik, nach der Kaufentscheidungen getroffen werden, noch nicht stattgefunden. Zwar existieren mit dem Natural und Social Capital Protocol erste Ansätze zur Monetarisierung externalisierter Kosten, die methodischen Schwierigkeiten bleiben aber auch hier substanziell.

Bei jedem Versuch der Internalisierung externalisierter Kosten – etwa in Form von Preiserhöhungen – entstehen Schwierigkeiten, die ein umfangreicheres Nachhaltigkeitswissen und eine sozialwissenschaftliche Nachhaltigkeitsforschung erfordern. So stellt sich in Ansätzen wie den oben erwähnten die Frage nach dem zu Grunde liegenden Nachhaltigkeitsverständnis. Nicht wenige Standards werden von Wirtschaftsverbänden und Unternehmensberatungen entwickelt, Informationen und Datenlage sind in der Regel unvollständig. Außerdem gibt es keine vereinbarten Standards für vergleichbare Ergebnisse. Ein hoher Aufwand und Informationsasymmetrien bewirken, dass gerade durch die Quantifizierung der Aussagen deren eigentlicher inhaltlicher Wert kaum rekonstruierbar ist. Wenn beispielsweise BASF formuliert »BASF's Value-to-Society contribution is net positive. Our Business activities provide and enable higher benefits than costs to society in each step of the value chain« (BASF), so erschließt sich nicht ohne Weiteres, was damit tatsächlich gesagt sein soll.

Ähnliche Fragen kommen bei algorithmisch entwickelten Produktbewertungen im Internet auf, die nachhaltigkeitsorientierte Konsumenten bei ihren Kaufentscheidungen unterstützen sollen. Bei allen diesen Diensten stellt sich für den Konsumenten die Frage, wie die jeweilige Bewertung und entsprechende Preisbildung tatsächlich zustande kommen. Es werden Produkte zwar für den Konsumenten bewertet, die zu Grunde liegenden Bewertungskriterien und Bewertungsmethoden bleiben jedoch ihrerseits häufig intransparent. Solche Plattformen und ihre Hintergründe besser zu verstehen, ist eine zentrale Herausforderung, deren Bewältigung Nachhaltigkeitswissen für Unternehmen und Kunden produktiv machen kann.

## 2 Wissensbedarfe im unternehmerischen Nachhaltigkeitsmanagement

Die Anlässe für Unternehmen, ihre Nachhaltigkeitsleistungen aktiv zu managen, variieren in Art und Intensität. In Abhängigkeit von jeweils unternehmensindividuellen Faktoren wie Wertschöpfungstiefe, Markenbekanntheit, Kunden- und Eigentümerstruktur oder geografischer Verortung managen sie ihre Nachhaltigkeitsleistungen mit sehr unterschiedlichen Zielrichtungen, Ambitionen und Organisationsstrukturen – oder gar nicht.

Dabei resultieren Entscheidungen, die nicht-finanzielle Unternehmensperformance zielgerichtet zu verbessern, typischerweise aus vier miteinander verbundenen Dynamiken: Verknappung von Ressourcen, Präferenzverschiebungen am Konsum- und Investitionsgütermarkt, Veränderung von Unternehmensbewertungen am Kapitalmarkt und Verschärfung des regulatorischen Rahmens. Auf die Bedeutung dieser Faktoren wurde im ersten Teil bereits eingegangen. Zentral für das sehr unterschiedlich ausgeprägte Management dieser Dynamiken in Unternehmen ist die Unsicherheit darüber, in welchem Umfang sie auf Geschäftsmodelle, Umsatz- und Gewinnprognosen oder

Unternehmenswerte durchschlagen. Hinzu kommt die eingeschränkte Bereitschaft von Unternehmen, sich auf diese Unsicherheiten einzulassen.

Die Zurückhaltung von Unternehmen, Nachhaltigkeitserwägungen konsequent in ihre Strategien und Geschäftsmodelle zu integrieren, ist nicht zuletzt Ausdruck eines Mangels an Wissen über die Bedeutung von Nachhaltigkeit für ihre Zukunftsfähigkeit. Dort, wo Unternehmen ein mehr oder weniger formalisiertes Nachhaltigkeitsmanagement eingerichtet haben, wird in aller Regel mit Annahmen über Wirkungszusammenhänge operiert, die weit weniger belastbar sind als etwa solche zum Verhältnis zwischen Marketingausgaben und Umsatzwachstum, Investitionssummen und Amortisationszeiträumen oder Effizienzprogrammen und Gewinnmargen. Im Unterschied zu einem ausgeprägten *technischen* Know-how, das etwa für die energieeffiziente Gestaltung von Produktionsprozessen notwendig ist, oder *naturwissenschaftlicher* Fachkunde, die es braucht, um potenzielle Umwelt- oder Gesundheitsgefährdungen von Produkten auszuschließen, ist vor allem das nachhaltigkeitsbezogene *Managementwissen* noch vergleichsweise gering ausgeprägt. Die Effekte, die etwa eine nachhaltigere Gestaltung des Produktportfolios auf die Kaufentscheidungen von Konsumenten haben, die Auswirkungen der eigenen Geschäftstätigkeit auf die ökologischen und sozialen Bedingungen in Lieferketten und deren Rückwirkung auf die Risikoexposition des Unternehmens oder die Geschäftschancen, die in einer konsequent zirkulären Nutzung von Rohstoffen liegen, sind nach wie vor weitestgehend terra incognita.

Es fehlt, zusammenfassend gesprochen, im Nachhaltigkeitsmanagement vor allem an Wertewandel-, Wirkungs- und Transformationswissen. Dies sei im Folgenden näher erläutert.

## Wertewandel-Wissen

Wertewandel-Wissen setzt sich mit der Frage auseinander, wie der gesellschaftliche Wertewandel die Rahmenbedingungen wirtschaftlichen Handelns und die Anforderungen an die Sicherung des Unternehmenswerts beeinflusst. Dieses Wissen hilft dem besseren Verständnis von Kundenpräferenzen sowie der Festlegung von Prioritäten, um Reputation, Image und Arbeitgeberattraktivität zu verbessern.

Unternehmens- und Marktwert sind zu einem Großteil durch nicht finanzielle Aspekte beeinflusst. Ein zentraler Treiber des Nachhaltigkeitsmanagements sind sich verändernde Kundenpräferenzen oder antizipierte Verschiebungen im Kaufverhalten von Konsumenten. Während für Unternehmen, die überwiegend im B2B-Bereich agieren, die Anforderungen ihrer Kunden in Lastenheften, Lieferantenbewertungen und Verhandlungsgesprächen weitestgehend transparent und nachvollziehbar sind, bewegen sich Unternehmen, die Produkte oder Dienstleistungen direkt an den Endkonsumenten verkaufen, häufig im Ungefähren. Ein konstatierter Wertewandel, der Veränderungen von Konsumgewohnheiten hin zu umwelt- und sozialverträglicheren Mustern mit sich bringen soll, wird in Studien immer wieder erhärtet. Die Erfahrung am Point of Sale ist aber häufig eine andere – wie und wann nämlich wirkt Wertewandel auf sich tatsächlich verändernde Kaufentscheidungen und wo findet der Wertewandel statt? Dazu gehört auch die Frage nach den eigentlichen Motivationen, die hinter einem sogenannten nachhaltigen Konsum stehen und wie sich gesellschaftlich akzeptiertes Unternehmens- bzw. Konsumverhalten verändert. Auch die Frage, wie Vertrauensverlust entsteht und wie dieser sich auf Unternehmen auswirkt, ist eine zentrale Dimension des Wertewandel-Wissens.

Sozialwissenschaftliches Wissen aus dem Nachhaltigkeitsbereich findet angesichts solcher Fragestellungen reichlich Anknüpfungspunkte. So ist es auch eine soziologisch relevante Frage, unter welchen Bedingungen ein Nachhaltigkeitsdiskurs entsteht, von welchen sozialen Schichten er getragen wird und wie er gesellschaftlich wirkt. Untersuchungen zur Responsibilisierung in nachhaltigen Praktiken und die damit einhergehende Reflexion auf das Verhältnis zwischen Nachhaltigkeit und Verantwortung (Henkel et al. 2018) können hier fruchtbar umgesetzt werden. Auch die sich abzeichnende zweite Welle in der soziologischen

Nachhaltigkeitsforschung kann gerade mit ihrer größeren reflexiven Distanz auf die Frage, was nachhaltige Entwicklung eigentlich ist, welche Schwierigkeiten damit einhergehen und welche gesellschaftlichen Machtverhältnisse sich möglicherweise neu verbinden (Wendt et al. 2018), zur Entwicklung gerade jenes Wissens beitragen, das in Unternehmenskontexten gefragt ist.

## Wirkungswissen

Wissen um unternehmensbezogene gesellschaftliche Auswirkungen ist Grundlage für ein professionelles Nachhaltigkeitsmanagement und häufig noch unzureichend. Wirkungswissen bezieht sich vor allem auf die Fragen, welche Auswirkungen das Unternehmen bzw. sein Geschäftsmodell auf sein gesellschaftliches Umfeld haben und wie die Nachhaltigkeitsprogramme oder sozialen Projekte von Unternehmen wirksam werden. Notwendig erscheint Wirkungswissen aus Unternehmenssicht, um den eigenen Wirkungswunsch prüfen zu können, einen Zusammenhang zwischen Kosten und Nachhaltigkeitsengagement herzustellen sowie mit Anforderungen aus Politik und Kapitalmarkt umzugehen.

Die Bedeutung von Wirkungswissen wird in zahlreichen Schlüsseldokumenten eines zunehmend formalisierten Nachhaltigkeitsmanagements betont. So heißt es im SDG Compass: »Taking a strategic approach to the SDGs, your first task should be to conduct an assessment on the current, potential, positive and negative impacts that your business activities have on the SDGs throughout the value chain.« Ähnlich fordert die Global Reporting Initiative für die Erstellung von Nachhaltigkeitsberichten: »The report should cover aspects that reflect the organization's significant economic, environmental and social impacts.«

Dabei stellt sich fast automatisch die Frage, was unter Wirkung zu verstehen ist. Die Wirtschaftsprüfungsgesellschaft PwC unternimmt beispielsweise in ihrem Konzept TIMM (Total Impact Measurement and Management) eine Auflistung von Impact-Faktoren. Diese reichen von sozialen Impact-Faktoren wie Gesundheit oder Erziehung über Umweltfaktoren wie Land- oder

Wasserverbrauch, Steuer-Impact-Faktoren wie etwa Umwelt- oder Produktionssteuern bis hin zu ökonomischen Impact-Faktoren, die neben Exporten oder Investments etwa auch immaterielle Aspekte einbeziehen.

Gerade in einer solchen Konkretisierung wird jedoch die Schwierigkeit deutlich, die sich bei der Frage nach dem Wirkungswissen grundsätzlich stellt. So zeigt gerade eine Auflistung, dass es höchst kontingent ist, welche sozialen, Umwelt- oder ökonomischen Auswirkungen einbezogen werden sollen – und nach welchen Kriterien diese zu bemessen sind. Eine Vergleichbarkeit zwischen Unternehmen oder Branchen ist dabei ebenso schwierig wie die Frage, in welchem Umfang Unternehmen soziale Kosten externalisieren bzw. auf gesellschaftliche Ressourcen zurückgreifen. Die Frage nach dem Nachhaltigkeitswissen verweist auf die dringende Anforderung, Qualitätskriterien zu explizieren und diese zugleich für Unternehmen operationalisierbar zu machen. Unternehmen greifen auf Instrumente von Unternehmensberatungen zurück, weil diese konkret umsetzbar sind. Gerade weil die Zusammenhänge komplex sind, bedarf es neben der Reflexion des Themas auch der Tools, Methoden und Standards, um diese in eine Unternehmenspraxis zu übersetzen.

Eine sozialwissenschaftliche Nachhaltigkeitsforschung ist hier gefordert, ihr komplexes reflexives Wissen in konkret umsetzbares Praxiswissen zu überführen. Die Ressourcen der Soziologie, zur Nachhaltigkeit reflexives Wissen beizutragen, sind generell bekannt (Henkel 2016). Die Herausforderung liegt darin, dieses Komplexitätspotenzial der Soziologie für das Nachdenken über Nachhaltigkeit fruchtbar zu machen, dieses aber auch immer wieder in anwendbare Instrumente zu übersetzen. Der vielleicht zentrale Beitrag, den eine sozialwissenschaftliche Nachhaltigkeitsreflexion hier liefern kann, ist die Einsicht, dass jede konkrete Operationalisierung ein Zwischenprodukt, nicht ein Endprodukt darstellt. Es gilt, ein gemeinsames Verständnis von Nachhaltigkeit zu erlangen, zu operationalisieren und die Praxiserfahrungen wiederum sozialwissenschaftlich auszuwerten. Nur in einem solchen Wechselprozess von reflexiver Komplexitätssteigerung und umsetzbarer Operationalisierung kann es gelingen,

Wirkungswissen nachhaltig – also nicht nur für den Moment, sondern als langfristige Perspektive – in Unternehmensprozesse einfließen zu lassen.

## Transformationswissen

Wirtschaftliche Transformationsprozesse wären für Unternehmen einfacher zu bewältigen, wenn die dahinterliegenden gesellschaftlichen Dynamiken vorhersagbar wären. Transformationswissen bezieht sich deshalb auf die Frage, welche gesellschaftlichen Veränderungsprozesse Einfluss auf wirtschaftliches Handeln nehmen und wie sich der Verlauf dieser Veränderungsprozesse antizipieren lässt. Relevant sind hier vor allem die Dimensionen der Rohstoffengpässe, des Risikomanagements und neuer Markt- bzw. Geschäftsopportunitäten.

Aus der Perspektive des nachhaltigkeitsbezogenen Managements impliziert der Bedarf nach Transformationswissen im gesellschaftlichen Kontext sehr konkrete Fragen. Dazu gehört: Wie verlaufen spezifische gesellschaftliche Transformationsprozesse? Was kennzeichnet sogenannte »Tipping-Points«? Wie lassen sich systembedingte Deadlocks auflösen? Solche Fragen unterscheiden sich zum Teil von dem, was in der Soziologie mit Blick auf die Frage nach gesellschaftlichem Wandel üblicherweise untersucht wird. Während die Soziologie am Erklären und Verstehen sozialer Tatsachen interessiert ist und damit auf einer eher grundsätzlichen Ebene arbeitet, stellen sich aus der Perspektive des Nachhaltigkeitsmanagements sehr konkrete anwendungs- oder lösungsorientierte Fragen. Die Ergebnisse der Soziologie, etwa aus der Konsumsoziologie oder der Umweltsoziologie, aber auch der allgemeinen Gesellschaftstheorie, müssten für eine Verwertung im Unternehmenskontext übersetzt oder operationalisiert werden. Mit Blick auf Transformationswissen ist die vielleicht größte Herausforderung die Frage, wie das globale Bevölkerungswachstum gesellschaftliche Rahmenbedingungen erfolgreichen Wirtschaftens verändert (Steffen et al. 2015). Wissen über solche Prozesse kann reflexiv in Unternehmensprozesse einfließen und entsprechende Veränderungstrends somit beeinflussen.

# 3 Fazit: Wie ins Gespräch kommen?

Das Anliegen dieses Beitrags ist es, ein akademisches Betrachten des Wissens der Nachhaltigkeit mit denjenigen Perspektiven zusammenzuführen, aus denen heraus Nachhaltigkeit im Unternehmenskontext relevant wird. Es wurde deutlich, dass über die Dimensionen Finanzmarkt, Ressourcen, Politik sowie Konsum- und Investitionsmarkt für Unternehmen bereits hochrelevante Kontexte bestehen, die Nachhaltigkeit zu einem nicht übersehbaren Faktor machen. Gleichzeitig wurde deutlich, dass in diesen Bereichen ein Reflexionsdesiderat auf Nachhaltigkeit besteht, sowohl was die bestehenden Instrumente angeht, als auch was deren Wirkung betrifft. Ein Bedarf nach entsprechendem Wissen besteht in einem unternehmerischen Nachhaltigkeitsmanagement. Insbesondere Wissen über Wertewandel, Wirkungen und Transformation ist für unternehmerische Prozesse hoch relevant. Entsprechendes Wissen kann mit Blick auf die Entwicklung von Nachhaltigkeit in Unternehmen positiv wirken. Sozialwissenschaftliches Wissen über Nachhaltigkeit wird seit Jahrzehnten generiert und hat zahlreiche Studiengänge hervorgebracht. Nachhaltigkeitsmanagement lässt sich an verschiedenen Orten studieren, entsprechende Absolventen treten in Unternehmen ein. Dort sind sie jedoch häufig mit einer Realität konfrontiert, die sich mit dem theoretisch Vermittelten kaum in Einklang bringen lässt. Es besteht so die paradoxe Konstellation, dass Unternehmen einerseits ein sozialwissenschaftliches Nachhaltigkeitswissen dringend benötigen, andererseits das bereits bestehende Wissen in Unternehmen kaum anschlussfähig ist. Drei Aspekte mögen für eine Annäherung relevant sein:

Unternehmen benötigen praxistaugliche Tools und Methoden. Das Wissen aus Unternehmensberatungen ist gerade deshalb in Unternehmen anschlussfähig, weil es auf eine Unternehmenslogik hin operationalisiert wird. Ein Weg für die Verbindung von wissenschaftlicher Nachhaltigkeitsforschung aus dem Bereich der Sozialwissenschaften und einem unternehmerischen

Nachhaltigkeitsmanagement kann darin liegen, Lösungsansätze für fehlendes Wirkungswissen gemeinsam mit Praktikern aus Unternehmen und wichtigen Stakeholder zu entwickeln. Ergebnis solcher Bemühungen muss sein, konkret anwendbare Tools zu generieren – die sicherlich nicht in Stein gemeißelt sind und sich weiterentwickeln können, in der konkreten Konstellation aber anwendbar sind.

Ebenso aus dem Desiderat einer Operationalisierung heraus ist die Entwicklung von Szenarien relevant für Unternehmen. Mögliche Entwicklungslinien in Bezug auf soziale Nachhaltigkeitsfragen und systematische Zusammenhänge zu skizzieren, ist ein Weg, sozialwissenschaftliches Reflexionswissen im Nachhaltigkeitsbereich für die Anwendung in Unternehmen zu operationalisieren.

Drittens schließlich spielen der persönliche Kontakt und die persönliche Bekanntschaft eine Rolle, um die Relevanz sozialwissenschaftlichen Nachhaltigkeitswissens für unternehmerisches Nachhaltigkeitsmanagement zu unterstreichen. Die Institutionalisierung entsprechender Forschungszusammenhänge und die Aufarbeitung von Informationen für Praktiker über Ziele und Angebote solcher Zusammenhänge sowie möglicherweise die direkte Ansprache von Nachhaltigkeitsmanagern können für das gemeinsame Gespräch fruchtbar sein.

## Literatur

BASF. Value-to-Society. Quantification and monetary valuation of BASF's impacts on society.

Bloomberg. 2017. New Energy Finance.

CFA Institute. 2018. https://www.cfainstitute.org/en/research/survey-reports/esg-survey-2017

EUROSTAT. 2018. https://ec.europa.eu/eurostat/statistics-explained/index.php?title=Material_flow_accounts_and_resource_productivity/de&oldid=326129

Henkel, A. (2016). Natur, Wandel, Wissen. Beiträge der Soziologie zur Debatte um nachhaltige Entwicklung. SuN Soziologie und Nachhaltigkeit – Beiträge zur sozial-ökologischen Transformationsforschung 2(1), S. 1–23.

Henkel, A., Lüdtke, N., Buschmann, N., Hochmann, L. (Hrsg.) (2018): Reflexive Responsibilisierung. Verantwortung für nachhaltige Entwicklung. Bielefeld: transcript.

ING Bank. (2017). https://www.ing.com/Newsroom/All-news/ING-and-Philips-collaborate-on-sustainable-loan.htm

Ocean Tomo. (2017). Intangible Asset Market Value Study. http://www.oceantomo.com/intangible-asset-market-value-study/

OPEC. (2017). World Oil Outlook 2017.

Steffen, W., Broadgate, W., Deutsch, L., Gaffney, O., Ludwig, C. (2015). The trajectory of the Anthropocene: The Great Acceleration. The Anthropocene Review, S. 1–18.

Wilts, H., Berg, H. (2017). Digitale Kreislaufwirtschaft. Die Digitale Transformation als Wegbereiter ressourcenschonender Stoffkreisläufe.

Wendt, B., Böschen, S., Barth, T., Henkel, A., Block, K., Dickel, S., Görgen, B., Köhrsen, J., Pfister, T., Rödder, S., Schloßberger, M. (2018). »Zweite Welle?« Soziologie der Nachhaltigkeit – von der Aufbruchsstimmung zur Krisenreflexion. SuN Soziologie und Nachhaltigkeit. Sonderausgabe 3, S. 1–23.

# Nachhaltigkeit bei oekom:
# Wir unternehmen was!

Die Publikationen des oekom verlags ermutigen zu nachhaltigerem Handeln – glaubwürdig und konsequent. Auch als Unternehmen sind wir Vorreiter: Ein umweltbewusster Büroalltag sowie umweltschonende Geschäftsreisen sind für uns ebenso selbstverständlich wie eine nachhaltige Ausstattung und Produktion unserer Publikationen.

Für den Druck unserer Bücher und Zeitschriften verwenden wir fast ausschließlich Recyclingpapiere, überwiegend mit dem Blauen Engel zertifiziert, und drucken wann immer möglich mineralölfrei und lösungsmittelreduziert. Unsere Druckereien und Dienstleister wählen wir im Hinblick auf ihr Umweltmanagement und möglichst kurze Transportwege aus. Dadurch liegen unsere $CO_2$-Emissionen um 25 Prozent unter denen vergleichbar großer Verlage. Unvermeidbare Emissionen kompensieren wir zudem durch Investitionen in ein Gold-Standard-Projekt zum Schutz des Klimas und zur Förderung der Artenvielfalt.

Als Ideengeber beteiligt sich oekom an zahlreichen Projekten, um in der Branche und darüber hinaus einen hohen ökologischen Standard zu verankern. Über unser Nachhaltigkeitsengagement berichten wir ausführlich im Deutschen Nachhaltigkeitskodex (www.deutscher-nachhaltigkeitskodex.de).

Schritt für Schritt folgen wir so den Ideen unserer Publikationen – für eine nachhaltigere Zukunft.

Jacob Radloff
Verleger

Dr. Christoph Hirsch
Leitung Buch

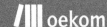

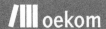